fiches de

Statistique descriptive

fiches de
Statistique descriptive

Rappels de cours et exercices corrigés

Farid Makhlouf

Professeur d'économie et de statistique
ESC Pau Business School

ellipses

Retrouvez tous les titres de la collection « fiches »
sur http://www.editions-ellipses.fr

ISBN 9782340-063457

8/10 rue la Quintinie 75015 Paris

www.editions-ellipses.fr

Table des matières

Fiche 1

Données et variables

DÉFINITIONS

- Les **données** sont des informations et des faits sous forme de chiffres, textes ou d'images collectées. Ces données doivent être organisées en information afin de devenir interprétables dans le cadre d'une prise de décision dans un environnement risqué. Les données collectées pour répondre à une problématique prédéterminée sont appelées « ensemble de données ».
- Les **individus statistiques** sont des éléments sur lesquels les données sont collectées. Ils sont également appelés les unités statistiques ou éléments.
- Les **observations** sont des informations fournies par chaque individu ou unité statistique.
- Une **variable statistique** représente les caractéristiques d'un élément (unité statistique). Elle peut présenter des caractères qualitatifs ou quantitatifs. Un caractère étudié peut prendre plusieurs modalités. Les modalités doivent être incompatibles et exhaustives. Généralement, une variable est notée par une lettre majuscule et les valeurs qu'elle peut prendre par des lettres minuscules.
- Les **variables qualitatives** sont des variables mesurées par des labels ou des noms. Elles présentent des caractéristiques non quantifiables. Les opérations arithmétiques ne sont pas applicables aux variables qualitatives.
- Les **variables quantitatives** sont des variables qui présentent des caractéristiques chiffrables et calculables. Les opérations arithmétiques sont applicables aux variables qualitatives.
- Les **variables discrètes** sont des variables qui prennent des valeurs finies.
- Les **variables continues** sont des variables qui peuvent, en théorie, prendre une infinité de valeurs. En pratique, les variables statistiques ne peuvent pas être continues. Les mesures utilisées engendrent des discontinuités dans les résultats.
- Les **modalités** sont les différents caractères ou valeurs que peut prendre une variable. Exemple : situation matrimoniale avec 4 modalités : {marié (e) ; divorcé (e) ; célibataire ; veuf (ve)}.
- Un **échantillon** est un sous-ensemble ou une partie d'une population destinée à la représenter.

- Un **sondage** est une étude réalisée auprès d'un échantillon.
- Un **recensement** est une étude menée auprès de l'ensemble des éléments de la population.

I. Données

En statistiques descriptives, on distingue, généralement, trois types de données : données chronologiques, données en coupe transversale et données de panel.

A. Données dites chronologiques (séries temporelles)

Les données chronologiques sont des données observées et collectées sur plusieurs périodes pour une seule unité statistique. La variable liée aux données chronologiques est notée « X_t » avec « $t = \{1,2,3,\ldots,T\}$ ». t est un indice relatif à la période d'observation, habituellement, elle représente un moment important du phénomène étudié, elle peut être annuelle, semestrielle, trimestrielle, mensuelle, hebdomadaire, journalière, etc.

Le taux de croissance annuel du PIB de la France pour la période 2000-2019 noté G_t: $t = \{2010,2001,\ldots,2019\}$ représente des données chronologiques. Graphiquement, elles sont présentées par des diagrammes en lignes. La source de variation du taux de croissance est due à la variation des périodes (années). La figure 1.1 donne l'évolution du taux de croissance de la France pour la période 2000-2019.

Figure 1.1 : Taux de croissance (prix courants) données chronologiques

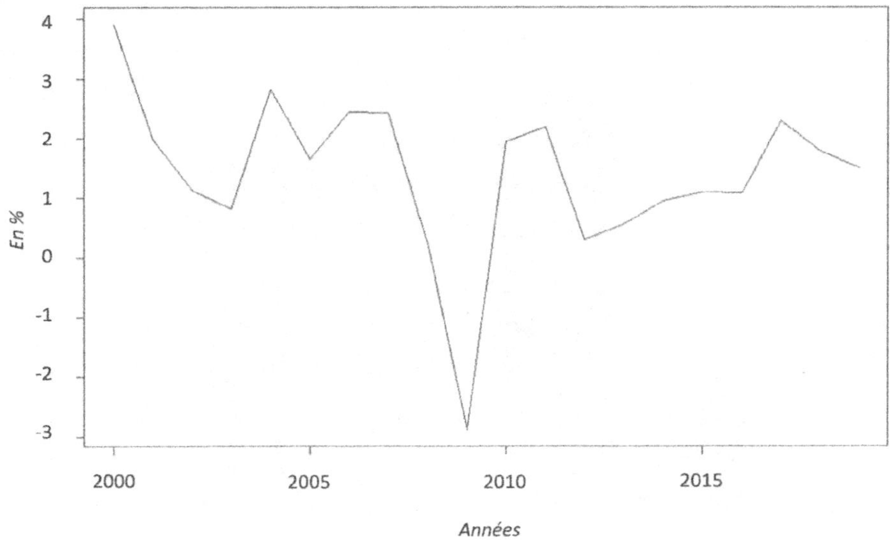

Source : Banque mondiale (WDI, 2021)

B. Données en coupe transversale

Les données en coupe transversale (instantanée) sont des données observées et recueillies à un instant donné pour plusieurs individus. Les données en coupe transversale sont notées « X_i » avec $i = \{1,2,3,...N\}$ relatif au nombre d'individus. N est le nombre total d'individus pris en considération, et X est la variable étudiée. Les données en coupe transversale sont généralement utilisées dans études comparatives. Par exemple, la croissance économique de chaque pays de la zone euro en 2020 représente des données en coupe transversale. Si on considère que G_i est la variable liée à la croissance économique, G_3 représente le taux de croissance économique du pays numéro 3. Dans ce cas, la seule source de variation de la croissance économique est due à la différence des taux de croissance entre les individus (pays). Les données en coupe transversale ne présentent pas une variation temporelle du fait qu'elles sont observées dans une seule période. Régulièrement, les données en coupe transversale sont, graphiquement, présentées par des diagrammes en barres ou circulaires. La figure 1.2 montre le taux de croissance de 5 pays de l'Union européenne en 2019.

Figure 1.2 : Taux de croissance en 2019 (prix courants) données en coupe transversale

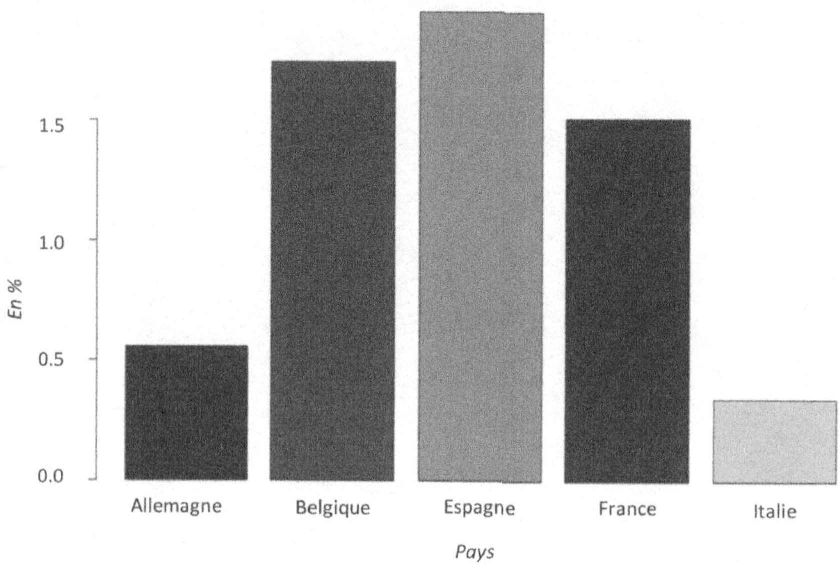

Source : Banque mondiale (WDI, 2021)

C. Données de panel (longitudinale)

Les données de panel sont des données qui possèdent deux dimensions : une dimension temporelle et une dimension individuelle. En d'autres termes, les données de panel sont observées et collectées sur une succession de périodes et sur plusieurs individus. La variable liée aux données de panel notée « X_{it} », « "i" » étant l'indice relatif à l'individu et« "t" » l'indice relatif à la période d'observation. Par exemple, les valeurs relatives aux taux de croissance des pays de la zone euro observées sur la période allant de 2010 à 2019 représentent des données de panel. $G_{1,2015}$: représente le taux de croissance du pays affecté de l'indice (1) en 2015. La variation du taux de croissance est due à la variation dans le temps et la variation entre les individus (pays). Dans les données de panel, couramment, deux types d'effets sont distingués : effet temporel et effet individuel. Graphiquement, les données de panel sont présentées par :

- Évolution des moyennes par pays (figure 1.3) ;
- Évolution des moyennes par période (figure 1.4) ;
- Boîte à dispersions (figure 1.5).

Figure 1.3 : Taux de croissance (prix courants) données de panel (moyenne par pays, 20 périodes)

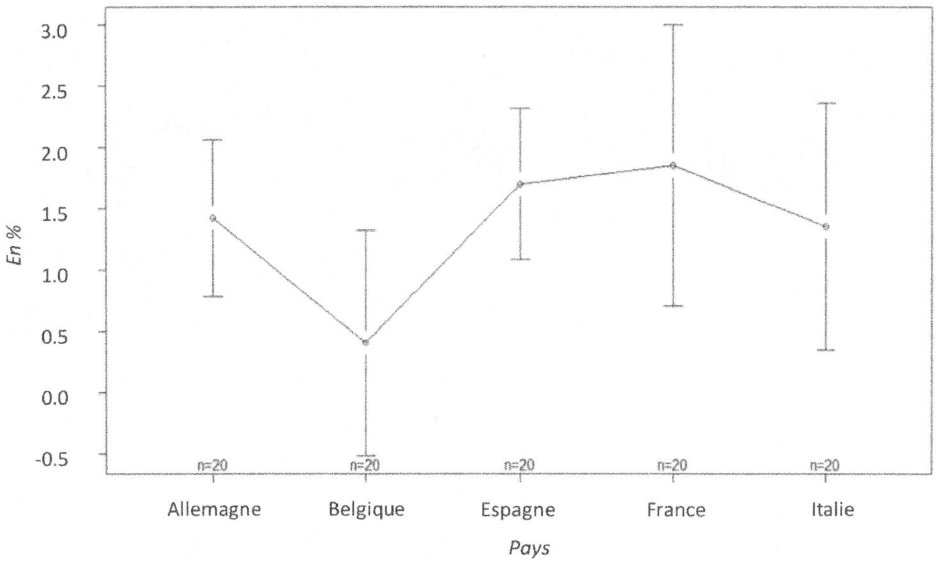

Source : Banque mondiale (WDI, 2021)

Figure 1.4 : Taux de croissance (prix courants) données de panel (moyenne par période, 5 pays)

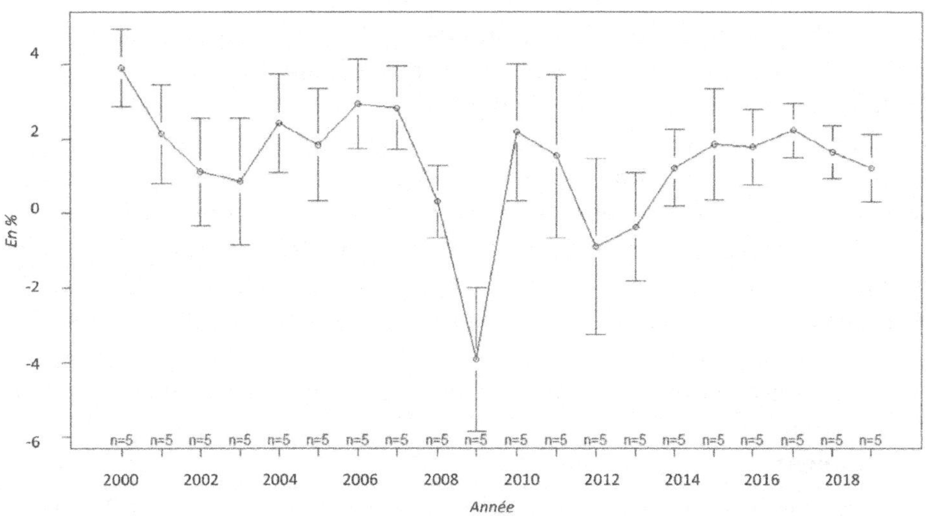

Source : Banque mondiale (WDI, 2021)

Figure 1.5 : Taux de croissance (prix courants) données de panel (boite de dispersion)

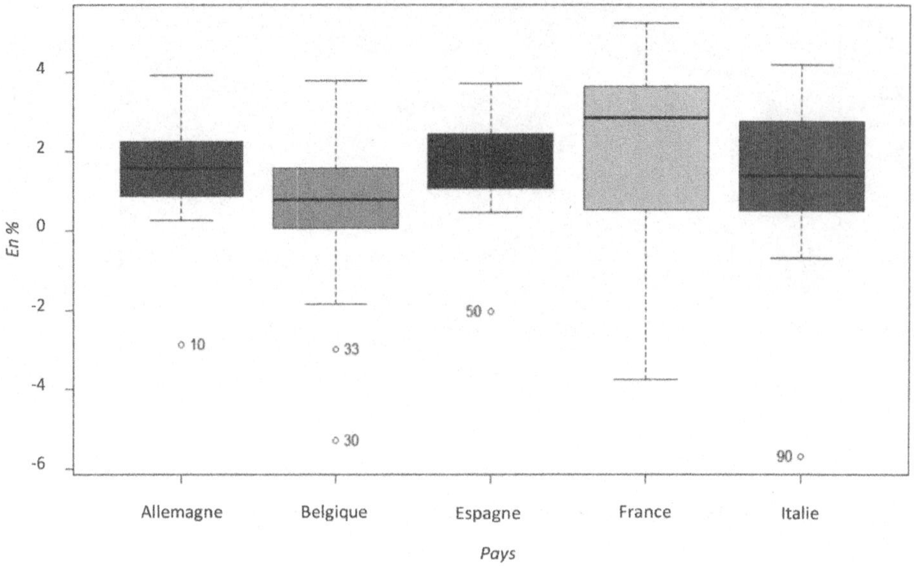

Source : Banque mondiale (WDI, 2021)

II. Variables

Les variables peuvent être classifiées en deux principales catégories : variables qualitatives et variables quantitatives. Les variables qualitatives sont toujours des variables discrètes et les variables quantitatives peuvent être discrètes ou continues. Les opérations arithmétiques ne sont pas applicables aux variables qualitatives. Par opposition, les variables quantitatives ont des valeurs numériques et présentent un caractère dénombrable. En statistiques, il y a plus d'outils d'analyses pour des variables quantitatives que des variables qualitatives. Il est très important de comprendre et de distinguer la différence entre les deux types de variables pour bien utiliser des outils statistiques adéquats pour proposer des traitements et des analyses statistiques pertinents. Par exemple, nous ne pouvons pas calculer la variance pour une variable qualitative.

Exemples :

- Supposons que X est une variable relative au « **nombre de personnes satisfaites suite à une prestation de service donnée** ». X est une variable discrète car elle ne peut pas avoir de valeur décimale. En d'autres termes, un résultat de 3,5 de personnes qui sont satisfaites n'est pas logique puisqu'il n'existe pas une moitié d'une personne. Les résultats possibles sont des nombres entiers naturels comme 3, 4, 5, etc. Par ailleurs la moyenne peut être un nombre décimal, du fait que la moyenne est un indicateur qui ne reflète pas un individu donné.

- Le taux de fécondité en France en 2019 est de 1,92 enfant par femme selon la Banque mondiale. La variable « **le nombre d'enfants par femme** » est une variable quantitative discrète. Elle est quantitative étant donné que nous pouvons quantifier le nombre d'enfants pour chaque femme. Discrète parce que le nombre d'enfants est un entier naturel. Le schéma 1.1 ci-dessous résume les différents types de variables.

Schéma 1.1 : Variable qualitative et variable quantitative

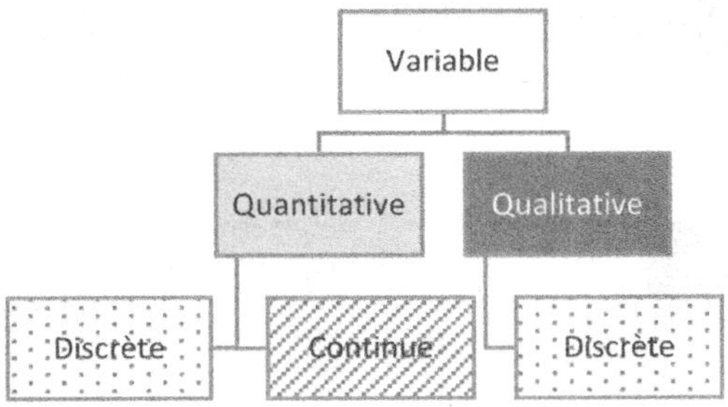

À RETENIR

Les données fournies par les unités statistiques sont généralement organisées sous forme d'un tableau statistique. Les variables peuvent être présentées en colonnes et les individus statistiques (éléments) en ligne ou *vice versa*. L'intersection entre la colonne et la ligne nous donne une information précise de l'individu concernant la variable donnée. Par exemple, dans le tableau 1.1, le taux de chômage en France en 2019 est représenté par l'intersection de la première colonne et la première ligne. Le tableau 1.1 montre un exemple concernant les variables, les individus ainsi que les observations. En effet, il compare le taux de chômage, la population totale et il présente également l'appartenance à la zone euro. Il y a cinq pays dans le tableau 1.1 à savoir : la France, le Royaume-Uni, l'Allemagne, l'Espagne et l'Italie. Les cinq pays représentent des individus statistiques (éléments ou unité statistiques). Il y a également une variable quantitative continue (taux de chômage), une variable quantitative discrète (population totale) et une variable qualitative discrète avec deux modalités (Oui : le pays fait partie de la zone euro ; Non : le pays ne fait pas partie de la zone euro). Nous avons également cinq observations. Une lecture verticale du tableau 1.1 nous donne l'ensemble des réponses pour une seule variable et une lecture horizontale nous donne des valeurs de toutes les variables pour un seul individu (élément).

Tableau 1.1 : Individus, variables, observations et ensemble de données

Variables

Observation

	Taux de chômage (2019)	Population totale (2019)	Zone euro
France	8.4434 %	67059887	Oui
Allemagne	3.1391 %	83132799	Oui
Royaume-Uni	3.7372 %	66834405	**Non**
Espagne	15.2547 %	47076781	Oui
Italie	9.9514 %	60297396	Oui

Unité statistique

Ensemble de données

Source : Banque mondiale (WDI, 2021)

POUR EN SAVOIR PLUS

- Bernard Py (1994), *Exercices corrigés de statistique descriptive,* Economica, EAN / ISBN-13 : 9782717826821.
- Denis J., Sweeney, D.J., Williams A., W., « *Essentials of Statistics for Business and Economics* », 6th edition by David R. Anderson, 2010, Cengage.
- Farid Makhlouf (2017), *Regression Analysis. In* : Farazmand A. (eds), *Global Encyclopedia of Public Administration,* Public Policy, and Governance. Springer, Cham. https://doi.org/10.1007/978-3-319-31816-5_476-1.
- Farid Makhlouf (2018), « Chapitre 6. Les approches quantitatives », *dans* : Frédéric Dosquet éd., *Études de marché.* Paris, Dunod, « Management Sup », 2018, p. 201-235. DOI : 10.3917/dunod.dosqu.2018.01.0201. URL : https ://www.cairn.info/etudes-de-marche--9782100781362-page-201.htm
- Hassène Siby (2017), « Introduction à la statistique et aux probabilités », Loze-Dion éditeur, ISBN : 978-2-924601-06-8.

1. **Le revenu annuel des ménages mesuré en euros est un exemple de variable :**
   a. qualitative discrète
   b. quantitative continue
   c. binaire
   d. aucune réponse ne convient

2. **Les variables sont :**
   a. toujours quantitatives
   b. toujours qualitatives
   c. toujours discrètes
   d. aucune réponse ne convient

3. **Les entités sur lesquelles des informations sont collectées sont des**
   a. populations
   b. individus (éléments)
   c. sous-ensembles de la population
   d. aucune réponse ne convient

4. **Dans un questionnaire, l'analyste a demandé aux personnes interrogées d'indiquer leur genre (femme ou homme). Le genre est une variable :**
   a. qualitative binaire
   b. quantitative discrète
   c. quantitative binaire
   d. aucune réponse ne convient

5. **Les données observées sur 13 mois et sur 25 individus sont des données :**
   a. de série temporelle (chronologique)
   b. en coupe transversale
   c. de panel (longitudinale)
   d. aucune réponse ne convient

6. **Dans une Université, à l'issue de la première année, les étudiants sont interrogés sur leurs préférences pour effectuer un semestre à l'étranger ou rester en place. Les résultats sont présentés dans le tableau 1.2.**

Tableau 1.2 : Moyenne et stage à l'étranger

Étudiant	Sexe	Moyenne générale	Classement	Favorable à un stage à l'étranger	Âge
David	Homme	16/20	1	Oui	17
Alexandra	Femme	11/20	5	Non	19
Léon	Homme	13/20	3	Oui	18
Farid	Homme	11,5/20	4	Oui	20
Saada	Femme	15/20	2	Non	19
Charlotte	Femme	10	6	Non	18

a. Combien d'individus (unités statistiques) se trouvent dans l'ensemble de données ?

b. Combien y a-t-il de variables qualitatives dans l'ensemble de données ?

c. Combien y a-t-il de variables quantitatives dans l'ensemble de données ?

d. Combien d'observations figurent dans l'ensemble de données ?

CORRIGÉ

1. **b**

2. **d**

3. **b**

4. **a**

5. **c**

6. **a** : 6 ; **b** : 2 ; **c** : 3 ; **d** : 6

Fiche 2

Opérateur somme et produit

DÉFINITIONS

- Le symbole sigma en majuscule «$\sum$» désigne la somme des valeurs d'une variable. Soit n un nombre naturel non nul.

$$x_1 + x_2 + x_3 + x_4 + \ldots + x_n = \sum_{i=1}^{i=n} x_i$$

- Le symbole pi en majuscule «$\prod$» désigne le produit des valeurs d'une variable.

$$x_1 \times x_2 \times x_3 \times x_4 \times \ldots \times x_n = \prod_{i=1}^{i=n} x_i$$

I. Opérateur somme

Sigma majuscule désigne la somme.

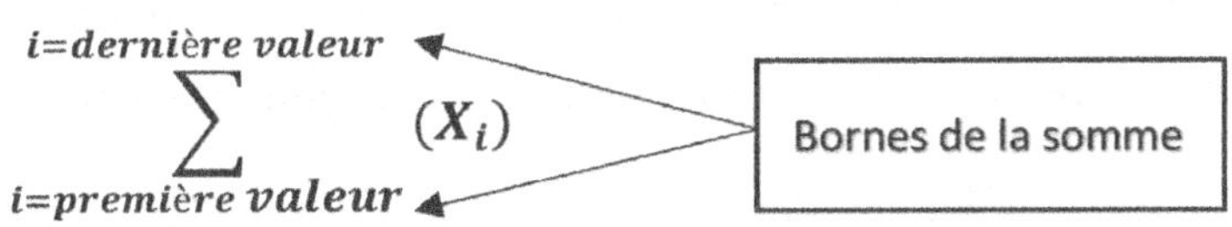

L'indice de la somme peut être représenté par plusieurs lettres :

$$\sum_{i=1}^{i=n} x_i \equiv \sum_{k=1}^{k=n} x_k \equiv \sum_{s=1}^{s=n} x_s$$

On peut également utiliser différentes formes de notation pour les sommes :

$$\sum_{i=1}^{i=n} x_i = \sum_{i \in [1,n]} x_i = \sum_{1 \le i \le n} x_i$$

Changement de l'indice :

$$S = \sum_{i=1}^{i=n} x_i$$

$$S = \sum_{i=2}^{i=n+1} x_{i-1}$$

Exemple :

$$\sum_{i=1}^{i=5} a^i = \sum_{i=3}^{i=7} a^{i-2} = a \sum_{i=0}^{i=4} a^i$$

A. Propriétés de la somme

$$\sum_{i=1}^{i=n} (x_i + y_i) = \sum_{i=1}^{i=n} (x_i) + \sum_{i=1}^{i=n} (y_i)$$

$$\sum_{i=1}^{i=n} (ax_i) = a \sum_{i=1}^{i=n} (x_i)$$

$$\sum_{i=1}^{i=n} a = n \times a$$

$$\sum_{i=1}^{i=n} (x_i \times y_i) \neq \sum_{i=1}^{i=n} (x_i) \times \sum_{i=1}^{i=n} (y_i)$$

$$\sum_{\in\varnothing} \quad =$$

En utilisant les propriétés de la somme on peut démontrer que $\Sigma(x_i - \overline{x}) = 0$; où $\overline{x} = \frac{1}{n}\Sigma x_i$ et appliquer la formule de König-Huygens pour une variance empirique : $Var(x) = \frac{1}{n}\Sigma(x_i - \overline{x})^2 = \frac{1}{n}\Sigma(x_i^2) - \overline{x}^2$.

$$\Sigma(x_i - \overline{x}) = \Sigma(x_i) - \Sigma(\overline{x}) = \Sigma(x_i) - n \times \overline{x} = \Sigma(x_i) - \Sigma(x_i) = 0$$

$$Var(x) = \frac{1}{n}\Sigma(x_i - \overline{x})^2 = \frac{1}{n}\Sigma(x_i^2 - 2x_i\overline{x} + \overline{x}^2) = \frac{1}{n}\Sigma(x_i^2) - 2\overline{x}\frac{1}{n}\Sigma x_i + \frac{1}{n}\Sigma\overline{x}^2$$

$$= \frac{1}{n}\Sigma(x_i^2) - 2\overline{x}^2 + \overline{x}^2 = \frac{1}{n}\Sigma(x_i^2) - \overline{x}^2$$

B. Somme double

De manière générale, pour calculer la somme double on commence par calculer la somme du premier indice et en suite on calcule la somme de deuxième indice.

On suppose que X_{ij} est le chiffre d'affaires en millions de l'entreprise (i) dans la région (j). Il y a trois entreprises $i = \{1;2;3\}$ et 4 régions $j = \{1;2;3;4\}$.

Le tableau 2.1 donne la distribution du chiffre d'affaires, des trois entreprises, réalisé dans les quatre régions.

Tableau 2.1 : Chiffre d'affaires en millions €

		Région (j)			
		Nord (1)	**Sud (2)**	**Est (3)**	**Ouest (4)**
Entreprise (i)	**1**	2	3	1	4
	2	5	2	3	2
	3	1	2	4	1

Par exemple le chiffre d'affaires de l'entreprise 2 dans la région Est (3) est noté $X_{23} = 3$ (intersection entre la ligne 2 et la colonne 3). On utilise la double somme pour exprimer le total d'une variable avec deux indices. Le tableau 2.2 donne les sommes partielles et la somme totale.

Le chiffre d'affaires de l'ensemble des entreprises sur les quatre régions est noté comme suit :

$$X_{..} = \sum_{i=1}^{i=3}\sum_{j=1}^{j=4} X_{ij} = 30 = \sum_{i=1}^{i=3} X_{i.} + \sum_{j=1}^{j=4} X_{.j}$$

Le chiffre d'affaires réalisé par l'ensemble des entreprises dans la région nord (1) :

$$X_{.1} = \sum_{i=1}^{i=3} X_{i1} = 8$$

Le chiffre d'affaires réalisé par l'entreprise 1 dans toutes les régions :

$$X_{1.} = \sum_{j=1}^{j=4} X_{1j} = 10$$

Tableau 2.2 : Somme partielle et double

		Région				Total
		Nord (1)	Sud (2)	Est (3)	Ouest (4)	
Entreprise (i)	1	2	3	1	4	$X_{1.} = 10$
	2	5	2	3	2	$X_{2.} = 12$
	3	1	2	4	1	$X_{3.} = 8$
Total $(X_{.j})$		$X_{.1} = 8$	$X_{.2} = 7$	$X_{.3} = 8$	$X_{.4} = 7$	$X_{..} = 30$

II. Opérateur produit

A. Notation

Le symbole pi en majuscule désigne le produit n valeurs :

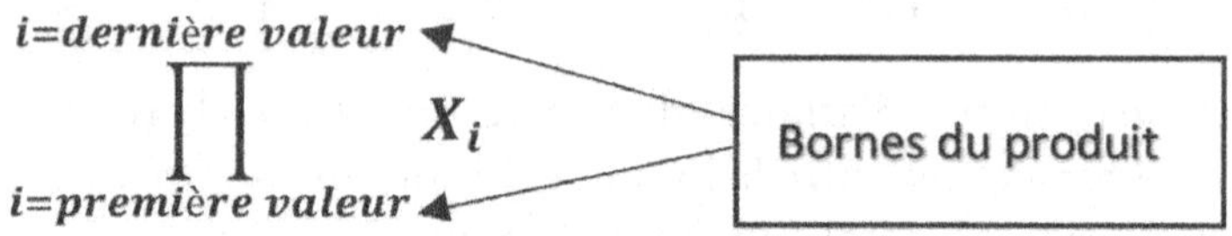

Un exemple de puissance entière est donné comme suivant :

$$a^n = a^1 \times a^2 \times a^3 \times a^4 \times \ldots \times a^n = \prod_{i=1}^{i=n} a^n$$

$$\prod_{k=1}^{k=n} k = \left(\prod_{k=1}^{k=n-1} k \right) \times \left(\prod_{k=n}^{k=n} k \right)$$

Pour $n \in \mathbb{N}^*$

$$\prod_{i=1}^{i=n} i = \prod_{j=1}^{j=n} j = \prod_{m=1}^{m=n} m = \ldots$$

$$\prod_{i=1}^{i=n} x_i = \prod_{k=1}^{k=n} x_k = \prod_{s=1}^{s=n} x_s$$

Pour $1 \leq m \leq n$

$$\prod_{i=1}^{i=n} x_i = \left(\prod_{i=1}^{i=m-1} x_i \right) \times \left(\prod_{i=m}^{i=n} x_i \right) = \left(\prod_{i=1}^{i=m} x_i \right) \times \left(\prod_{i=m+1}^{i=n} x_i \right)$$

B. Propriétés du produit

$$\prod_{i=1}^{i=n}(a) = a^n$$

$$\prod_{i=1}^{i=n}(ay_i) = \left(\prod_{i=1}^{i=n}(a)\right)\left(\prod_{i=1}^{i=n}(y_i)\right) = a^n \prod_{i=1}^{i=n}(y_i)$$

Pour $i \in [1,n]; n \in \mathbb{N}$

$$\prod_{i=1}^{i=n}(x_i y_i) = \left(\prod_{i=1}^{i=n}(x_i)\right) \times \left(\prod_{i=1}^{i=n}(y_i)\right)$$

Pour $p \in \mathbb{R}$

$$\prod_{i=1}^{i=n}(x_i)^p = \left(\prod_{i=1}^{i=n}(x_i)\right)^p$$

$$\prod_{i=1}^{i=n}\left(\frac{x_i}{y_i}\right) = \frac{\left(\prod_{i=1}^{i=n}(x_i)\right)}{\left(\prod_{i=1}^{i=n}(y_i)\right)}$$

$$\prod_{k=1}^{k=n} 2k = 2^n k!$$

$$\prod_{i \in \varnothing} x_i = 1$$

À RETENIR

$$1 + 2 + 3 + 4 + \ldots + n = \sum_{i=1}^{i=n} i$$

$$k^0 + k^1 + k^2 + k^3 + \ldots + k^n = \sum_{i=0}^{i=n} k^i$$

$$\sum_{i=1}^{i=n} a = na$$

$$x_1 + x_2 + x_3 + x_4 + \ldots + x_n = \sum_{i=1}^{i=n} x_i = \sum_{k=1}^{k=n} x_k = \sum_{j=1}^{j=n} x_j = \sum_{m=1}^{m=n} x_m$$

$$\sum_{i}^{n}\sum_{j}^{n} x_{ij} = \sum_{j}^{n}\sum_{i}^{n} x_{ij} = \sum_{1 \le i \le j \le n} x_{ij}$$

$$b_0 + b_1x + b_2x^2 + b_3x^3 + b_4x^4 + \ldots + b_nx^2 + \sum_{k=0}^{k=n} b_kx^k$$

$$1 \times 2 \times 3 \times 4 \times \ldots \times n = \prod_{i=1}^{i=n} i$$

$$\prod_{i=1}^{i=n} a = a^n$$

$$x_1 \times x_2 \times x_3 \times \ldots \times x_n = \prod_{i=1}^{i=n} x_i = \prod_{j=1}^{j=n} x_j = \prod_{p=1}^{p=n} x_p$$

POUR EN SAVOIR PLUS

- Armelle Mathé (2008), « L'essentielle de la Statistique descriptive », ISBN : 978-2-297-06062-2.
- Fredon, Daniel, Maumy-Bertrand, Myriam, Bertrand, Frédéric (2009), *Mathématiques Statistique et Probabilités en 30 fiche*, Dunod, ISBN : 978-2-10-054257-4.
- Pradeau Thomas (2018), *Cours de mathématiques en prépa ECS*, Ellipses, ISBN : 978-2-340-02686-5.

1. Le tableau suivant présente les valeurs deux variables (X et Y) et une constante C

Indice (*i*)	*C*	*X*	*Y*
1	**3**	**1**	**2**
2	**3**	**−2**	**1**
3	**3**	**4**	**3**
4	**3**	**3**	**2**
5	**3**	**2**	**4**
6	**3**	**1**	**3**
7	**3**	**4**	**2**
8	**3**	**6**	**1**
9	**3**	**5**	**4**
10	**3**	**0**	**5**

Calculer :

$$\sum_{i=1}^{i=10} Y_i \ ;$$

$$\sum_{i=3}^{i=7} X_i \ ;$$

$$\prod_{i=2}^{i=6} Y_i \ ;$$

$$\sum_{i=1}^{i=10} Y_i X_i \ ;$$

$$\sum_{i=1}^{i=10} C;$$

$$\sum_{i=1}^{i=10} (Y_i + X_i) \ ;$$

$$\sum_{i=1}^{i=10} (CY_i) \ ;$$

$$\sum_{i=1}^{i=10} (Y_i - C) \ .$$

CORRIGÉ

a. 27

b. 14

c. 72

d. 63

e. 30

f. 51

g. 81

h. −3

Fiche 3

Variable qualitative

DÉFINITIONS

- Une **distribution de fréquence** est un résumé des données sous forme d'un tableau décrivant le nombre d'observations dans différentes indépendantes modalités.
- Une **fréquence absolue** (n_i) est le nombre d'individus (unités statistiques) qui partagent la même modalité. Les fréquences absolues sont appelées également « effectifs ».
- Une **fréquence relative** (f_i) est le rapport entre le nombre d'individus qui partagent la même modalité et le nombre total d'individus considérés dans l'étude. $f_i = \frac{n_i}{n}$; $n = \sum n_i$ est le total des individus.
- Un **tableau statistique** est un tableau qui résume et présente les informations d'une variable qualitative. Il donne les fréquences absolues et relatives

I. Méthodes graphiques

En statistiques, la méthode graphique consiste à résumer et à présenter les données sous forme des figures afin d'en faciliter l'interprétation. Pour les variables qualitatives deux principaux graphiques peuvent être utilisés à savoir le diagramme en barres et le diagramme circulaire.

Exemple 3.1 : Intérêt pour une Carte Ticket Restaurant (CTR).

Dans un questionnaire, une question est posée aux 20 salariés pour l'utilisation d'une carte à puce pour les tickets-restaurants, la question est la suivante : **Quel est votre degré d'intérêt pour une Carte Ticket Restaurant ?**

Quatre réponses sont possibles : **Très intéressé (e)** ; **Assez intéressé (e)** ; **Peu intéressé (e)** ; **Pas du tout intéressé (e)**. Les réponses sont données dans le tableau 3.1 ci-dessous.

Tableau 3.1 : Intérêt pour une carte Ticket Restaurant

Salarié	Réponse	Salarié	Réponse
1	Très intéressé (e)	11	Assez intéressé (e)
2	Assez intéressé (e)	12	Assez intéressé (e)
3	Très intéressé (e)	13	Pas du tout intéressé (e)
4	Assez intéressé (e)	14	Pas du tout intéressé (e)
5	Peu intéressé (e)	15	Assez intéressé (e)
6	Très intéressé (e)	16	Très intéressé (e)
7	Assez intéressé (e)	17	Peu intéressé (e)
8	Très intéressé (e)	18	Très intéressé (e)
9	Peu intéressé (e)	19	Pas du tout intéressé (e)
10	Peu intéressé (e)	20	Très intéressé (e)

La variable concernant le degré d'intérêt d'une carte tickets-restaurants est une variable qualitative avec quatre modalités. Pour transformer les données du tableau 2.1 en graphique afin d'interpréter aisément les résultats, il faut suivre deux étapes :

- Étape 1 : quantifier le nombre d'individus qui partage la même modalité ;
- Étape 2 : à l'aide d'un diagramme en barres ou circulaire représenter chaque modalité (figure 3.1 et figure 3.2).

Le tableau 3.2 donne le nombre d'individus pour chaque modalité.

Tableau 3.2 : Répartition des réponses

Intérêt pour une CTR (x_i)	Effectifs (n_i)
Très intéressé (e)	7
Assez intéressé (e)	6
Peu intéressé (e)	4
Pas du tout intéressé (e)	3
Total	20

Les figures 3.1 et 3.2 représentent la question de l'exemple 3.1. Les deux figures montrent clairement que plus de la moitié des salariés sont assez intéressés ou très intéressés. Il est, évidemment, plus facile d'interpréter les figures que le tableau 3.1. Les méthodes graphiques résument et transforment les données en informations faciles à comprendre, communiquer et interpréter.

Figure 3.1 : Diagramme en Barres

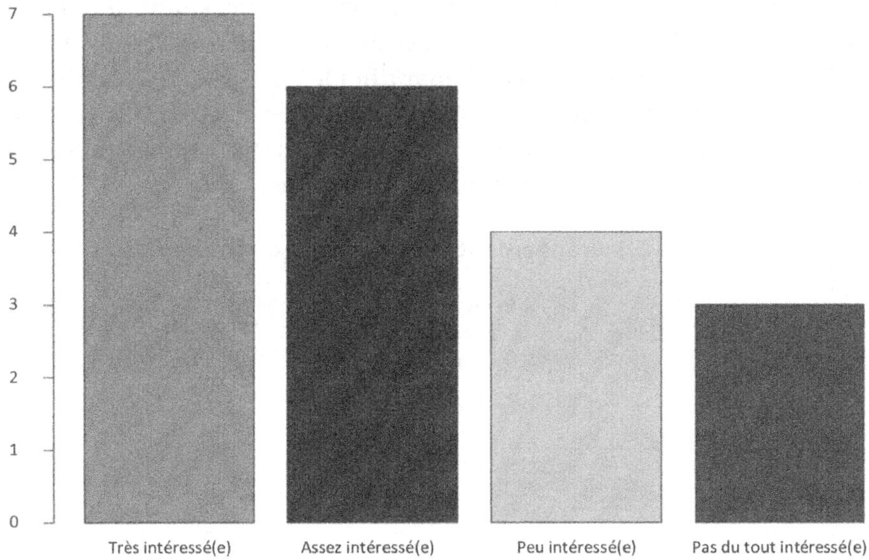

Source : Tableau 3.2

Figure 3.2 : Diagramme circulaire

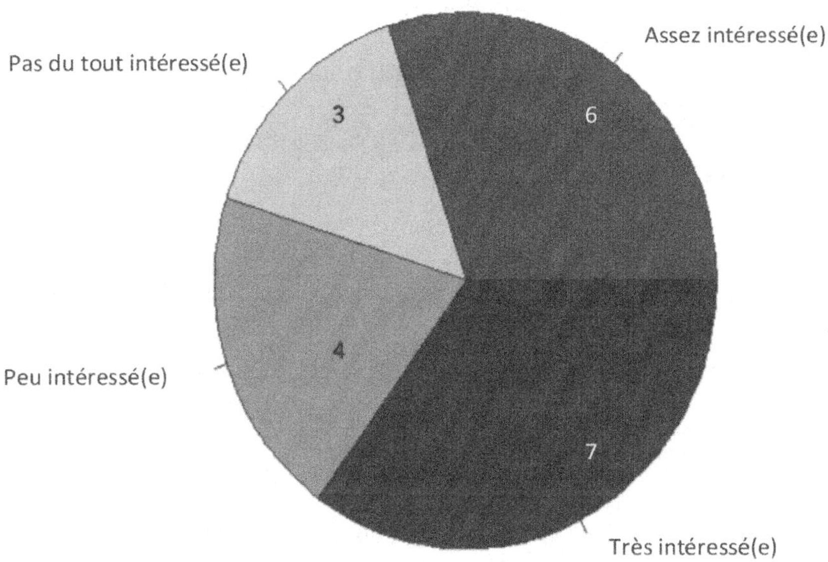

Source : Tableau 3.2

II. Méthodes numériques

L'objectif des statistiques descriptives est de résumer, simplifier et exprimer de manière la plus simple des grandes quantités d'informations. La base des statistiques descriptives consiste à quantifier le nombre d'observations qui partagent les mêmes caractéristiques. Les méthodes numériques résument les données des enquêtes sous forme d'un tableau statistique. Le tableau 3.3 illustre la manière de ranger des données qualitatives.

Tableau 3.3: Rangement des données qualitatives

Valeurs x_i	**Fréquences absolues** n_i	**Fréquences relatives** $f_i = \frac{n_i}{N}$
.	.	.
	.	.
.	.	.
Total	N	100 %

Exemple 3.2 : Intérêt d'une carte ticket-restaurant CTR

Pour ranger les données du tableau 3.1 concernant les réponses sur la question relative à l'intérêt pour une CTR, on doit compléter le tableau 3.2 pour obtenir la forme du tableau 3.3. Pour ce faire, il faudrait calculer : n_i et f_i. Le tableau 3.4 présente le tableau des fréquences.

Tableau 3.4 : Intérêt pour CTR

X	n_i	f_i
Très intéressé (e) (x_1)	$n_1 = 7$	$f_1 = \frac{7}{20} = 35\%$
Assez intéressé (e) (x_2)	$n_2 = 6$	$f_2 = \frac{6}{20} = 30\%$
Peu intéressé (e) (x_3)	$n_3 = 4$	$f_3 = \frac{4}{20} = 20\%$
Pas du tout intéressé (e) (x_4)	$n_4 = 3$	$f_3 = \frac{3}{20} = 15\%$
Total	20	100 %

X : représente la variable avec un caractère qualitatif (le degré d'intérêt pour une carte tickets-restaurants).

À RETENIR

Les variables qualitatives sont des variables qui sont mesurées par des labelles ou des noms et elles sont toujours discrètes. Elles peuvent être résumées graphiquement par des diagrammes circulaires ou en barres.
Un tableau statistique donne les fréquences absolues et relatives pour chaque modalité de la variable qualitative.

POUR EN SAVOIR PLUS

- Bernard Py (1994), *Exercices corrigés de statistique descriptive,* Economica, EAN / ISBN-13 : 9782717826821.
- Hassène Siby (2017), *Introduction à la statistique et aux probabilités,* Loze-Dion éditeur, ISBN : 978-2-924601-06-8.

1. Le tableau 3.5 ci-dessous donne les prénoms d'un groupe d'étudiants avec une indication du nombre d'applications et d'exercices réalisés au cours d'une année universitaire (D = Peu, B = Moyen, C = Beaucoup, A = Exceptionnel).

Tableau 3.5 : Indication du nombre d'applications et d'exercices réalisés

Étudiant	Indication	Étudiant	Indication
Mayssa	A	Farid	C
Sabine	C	Laure	B
Jacques	A	Luis	D
Florent	D	Charlotte	B
Bertrand	B	Claire	B
Barbara	B	Jeanne	D
Mazhar	B	Anne	C
Alexandra	C	Léa	C
Charli	C	Nora	D
Albert	C	Donald	A
D = Peu, C = Moyen, B = Beaucoup, A = Exceptionnel			

a. Définissez le type du caractère étudié.
b. Construisez un tableau statistique représentatif de cette distribution.
c. Représentez graphiquement cette distribution.

CORRIGÉ

a. Le caractère étudié est qualitatif avec quatre modalités (A : peu d'exercices et d'applications réalisés ; B : le nombre d'exercices et d'applications réalisés et moyen ; C : beaucoup d'applications et d'exercices sont réalisés ; D : le nombre d'applications et d'exercices réalisés est exceptionnel.
b. Voir le tableau 3.3.

Tableau 3.3 : nombre d'applications et d'exercices réalisés

X	n_i	f_i
A	3	3/20 = 15 %
B	6	6/20 = 30 %
C	7	7/20 = 35 %
D	4	3/20 = 20 %
Total	20	100 %

c.

1.

Figure 3.3 : (Diagramme en barres)
Nombre d'applications et d'exercices réalisés

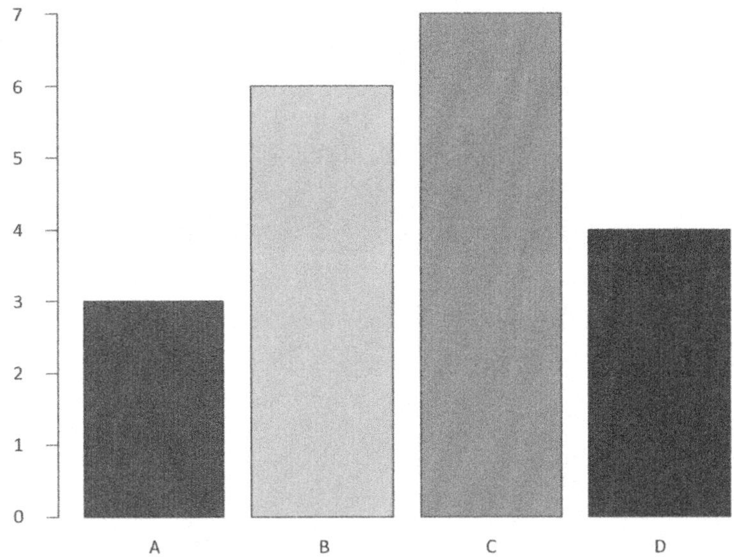

Source : Tableau 3.6

2.

Figure 3.2 : (Diagramme circulaire)
Nombre d'applications et d'exercices réalisés

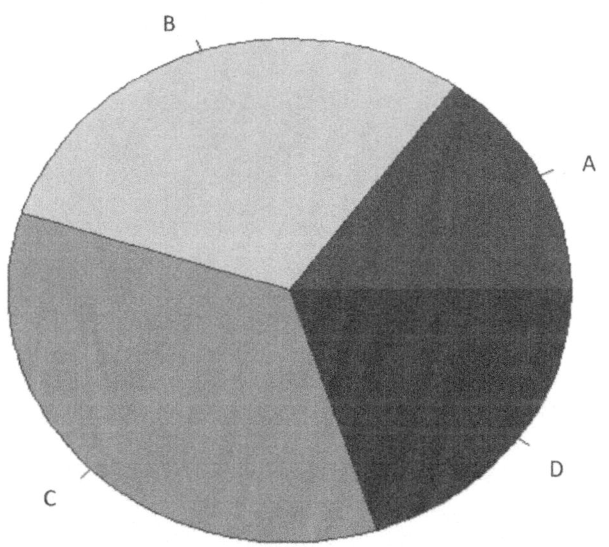

Source : Tableau 3.6

Fiche 4

Variable quantitative

DÉFINITIONS

- Un **histogramme** est une présentation graphique pour une variable quantitative qui résume les informations en décrivant le nombre d'observations dans différentes classes. Il est formé de rectangles adjacents qui représentent les classes et les effectifs. La surface de chaque rectangle représente l'effectif de chaque classe. L'histogramme est construit en mettant sur l'axe des abscisses, les classes et sur l'axe des ordonnées les fréquences absolues, ou relatives donc en pourcentages. L'histogramme peut être symétrique ou asymétrique à droite ou à gauche. Il est facile à utiliser et il donne une image du comportement de la distribution.
- L'**effectif d'une classe** est égal au nombre d'individus qui partagent la même valeur ou la même classe.
- L'**amplitude de la classe** est égale à la différence entre la borne supérieure de la classe et la borne inférieure de la même classe.
- Les **paramètre de l'échantillon** sont des indicateurs calculés à partir des données provenant d'un échantillon.
- Les **paramètres de la population** sont des indicateurs calculés à partir des données découlant de la population totale.
- Les **paramètres de tendance centrale** sont des indicateurs qui nous donnent une information sur l'ordre de grandeur de la distribution.
- Les **paramètres de dispersion** sont des indicateurs qui nous informent sur la nature de la variation des valeurs au sein d'une distribution.
- Les **paramètres de forme** sont des indicateurs qui nous informent sur la manière dont les valeurs sont distribuées entre les unités statistiques.

I. Méthodes graphiques

Les distributions des données peuvent être présentées graphiquement afin de faciliter leurs interprétations. Les graphiques nous permettent de présenter les caractéristiques et les informations, de manière globale, d'une distribution. Comme nous l'avons vu, dans la fiche 3, les diagrammes en barres et circulaires sont les plus adéquats pour les variables qualitatives. Concernant les variables quantitatives l'histogramme et le polygone des fréquences sont des représentations graphiques les plus adéquates.

A. Histogramme

L'outil le plus utilisé pour résumer graphiquement une variable quantitative continue est l'histogramme. La construction des classes de l'histogramme nécessite de respecter trois étapes à savoir la détermination du nombre de classes, l'amplitude de chaque classe et les limites des classes

- **Déterminer le nombre de classes juxtaposées**

Les classes regroupent les observations en fonction de leurs caractéristiques. Le nombre de classes doit être en fonction de la problématique étudiée et dans le but de faciliter l'interprétation. Trop ou t peu de classes rend l'interprétation difficile[1].

- **Déterminer l'amplitude des classes**

D'une manière générale, l'amplitude ou la largeur de chaque classe est égale à la valeur la plus élevée dans la distribution moins la valeur la plus petite rapportée au nombre de classes. Il est important de signaler qu'on peut utiliser des classes avec des amplitudes différentes.

- **Déterminer les limites des classes**

Les limites de chaque classe doivent être choisies pour que chaque unité statistique appartienne exclusivement et seulement à une classe.

Exemple 4.1 : Âge des athlètes

Dans un club sportif, on considère les données du tableau 4.1 qui donnent l'âge des quarante athlètes avec leurs identifiants.

Avant de représenter graphiquement cette distribution il faut se souvenir que l'âge est une variable quantitative continue. Nous allons respecter les trois étapes mentionnées ci-dessus.

1. Délimiter le nombre de classes

Dans cet exemple, le nombre d'observations est relativement petit, il est préférable de choisir cinq classes.

1. D'autres critères peuvent être utilisés à savoir le critère empirique : nombre de classes = $\sqrt{n}$; le critère Yule nombre de classes = $2{,}5n^{0{,}25}$ et le critère de Sturges : nombre de classes = $1+\frac{10}{3}log(n)$.

Tableau 4.1 : Âge des athlètes (40 athlètes)

Identifiant	Âge	Identifiant	Âge	Identifiant	Âge	Identifiant	Âge
01	**15**	11	**16**	21	**22**	31	**18**
02	**18**	12	**19**	22	**20**	32	**17**
03	**21**	13	**21**	23	**21**	33	**24**
04	**24**	14	**24**	24	**23**	34	**15**
05	**21**	15	**23**	25	**28**	35	**23**
06	**23**	16	**28**	26	**22**	36	**25**
07	**28**	17	**25**	27	**28**	37	**27**
08	**22**	18	**18**	28	**22**	38	**26**
09	**18**	19	**15**	29	**20**	39	**16**
10	**19**	20	**27**	30	**25**	40	**21**

2. Déterminer la largeur de la classe

L'âge minimum dans le tableau 4.1 est égal à 15 ans et l'âge maximum égal à 30 ans. La largeur de la classe = $\frac{28-15}{5} = 2{,}6$. On peut alors choisir l'amplitude de chaque classe à 3 ans (éventuellement on arrondi au nombre entier le plus proche). Selon les situations le modélisateur peut combiner entre le nombre et les amplitudes des classes afin de mieux représenter et résumer les données quantitatives.

3. Délimiter les limites des classes

Les limites des classes qu'on peut attribuer à l'exemple 4.1 sont les suivantes : [15, 18[; [18 , 21[; [21 , 24[; [24 , 27[et [27, 29[

Le tableau 4.2 donne les effectifs pour chaque classe.

Tableau 4.2 : Âge des athlètes (40 athlètes)

X	n_i	f_i	N_i	
[15 ; 18[	6	15 %	6	15 %
[18 ; 21[	8	20 %	14	35 %
[21 ; 24[	13	32,5 %	27	67,5 %
[24 ; 27[	7	17,5 %	34	85 %
[27 ; 29[	6	15,0 %	40	100 %
Total	40	100 %		

Interprétations :

- 6 athlètes sont âgés entre 15 et 17 ans ce qui présente 15 % de l'échantillon.
- 8 athlètes sont âgés entre 18 et 20 ans ce qui présente 20 % de l'échantillon.
- 35 % des athlètes ont un âge inférieur strictement à 21 ans.
- 13 individus ont un âge compris entre 21 et 23 ans.
- 67, 5 % des individus ont un âge strictement inférieur à 24 ans.
- 7 athlètes ont un âge entre 24 ans et 26 ans.
- 85 % des athlètes ont un âge strictement inférieur à 27 ans.
- 6 athlètes sont âgés entre 27 et 28 ans et l'ensemble des athlètes ont un âge compris entre 15 et 28 ans.

La figure 4.1 montre l'histogramme avec les fréquences absolues et relatives.

Figure 4.1 : Histogramme (Âge)

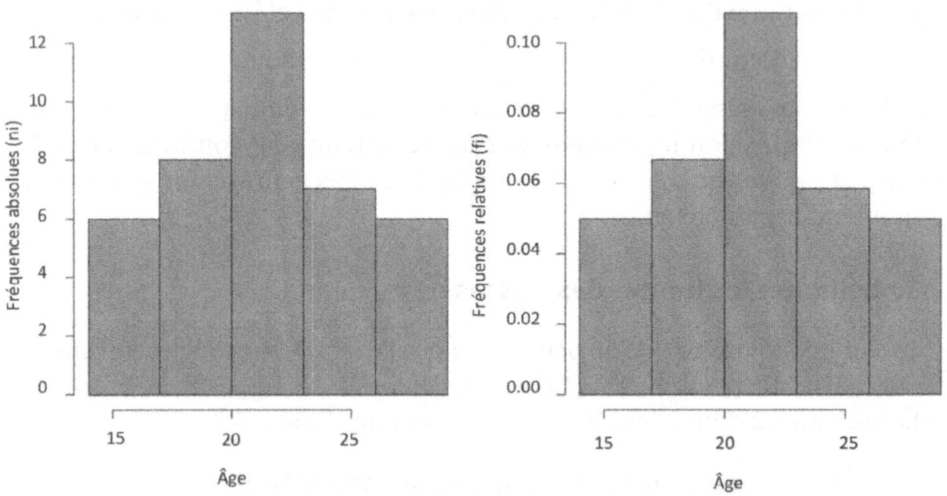

Source : Tableau 4.2

B. Polygone des fréquences

Une autre alternative à l'histogramme est le polygone des fréquences qui peut être utilisé pour comparer des distributions. Le polygone des fréquences représenté par une ligne qui lie les centres des classes et les fréquences absolues ou cumulées la figure 4.2 montre le polygone des fréquences absolues et cumulées pour l'âge des athlètes. La figure 4.2 montre que la distribution est unimodale car il y a un seul sommet. Un polygone de fréquence avec deux sommets indique que la distribution est bimodale. Dans le cas où le polygone des fréquences présente plusieurs sommets on parle d'une distribution multimodale.

Figure 4. 2 : Polygone des fréquences

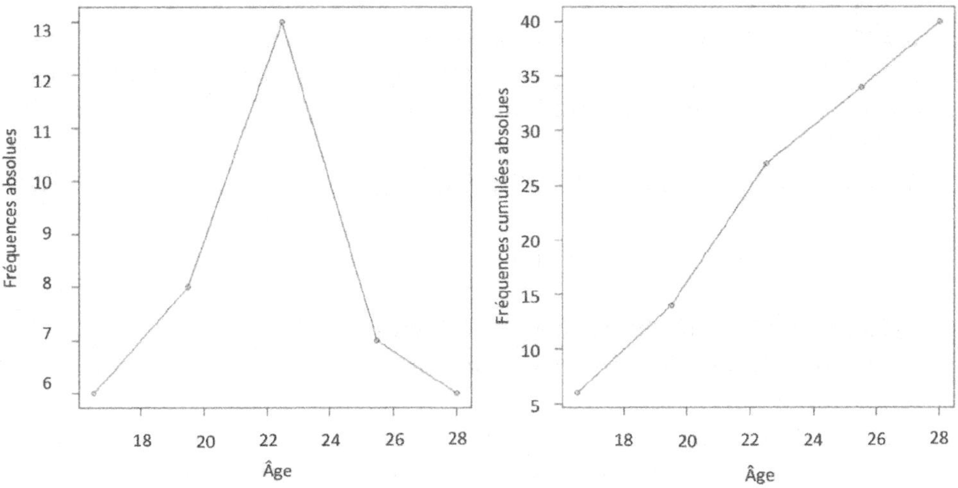

Source : Tableau 4.2

II. Méthodes numériques

Une variable quantitative peut être résumée par des indicateurs numériques classés dans cette fiche en trois types d'indicateurs :
- Indicateurs de tendance centrale ;
- Indicateurs de dispersion ;
- Indicateurs de forme.

A. Indicateurs de tendance centrale

Les principaux indicateurs de tendance centrale sont : la moyenne arithmétique, pondérée, géométrique, harmonique et tronquée ; la médiane ; les quartiles et le mode ; le maximum, et le minimum.

1. Moyenne arithmétique simple

La moyenne arithmétique est la mesure de position la plus utilisée et la plus importante elle mesure également la position de la tendance centrale d'une distribution. Elle permet de résumer la série statistique et elle prend en considération toutes les valeurs. Cependant, elle est sensible aux valeurs aberrantes (extrêmes). La moyenne est égale à la somme de toutes les valeurs divisées par le nombre de valeurs. Pour calculer la moyenne deux cas sont à distinguer.

- **Cas 1 :** moyenne pour la population notée u.

$$u = \frac{\sum_{i=1}^{N} x_i}{N}$$ Où N est la taille de la population.

Cas 2 : moyenne pour l'échantillon noté $\overline{X}$.

$$\overline{x} = \frac{\sum_{i=1}^{n} x_i}{n}$$ Où n est la taille de l'échantillon.

- Si $y_i = \beta + \alpha \times x_i$ alors $\overline{y} = \beta + \alpha\overline{x}$, β et α sont des constantes.

Exemple 4.2 : La moyenne d'âge des athlètes.

Reprenons l'exemple 4.1 concernant l'âge des athlètes. La moyenne se calcule comme suit :

$$(15+16+22+18+18+19+20+17+21+21+21+24+24+24+23+15+21 +23+28+23+23+28+22+25+28+25+28+27+22+18+22+26+18+15 +20+16+19+27+25+21)/40 = 21{,}7$$

2. Moyenne pondérée

La moyenne simple donne la même importance pour chaque valeur. Pour la moyenne pondérée le poids des valeurs n'est pas le même. Certaines valeurs auront plus d'importance que d'autres. La moyenne pondérée permet de différencier l'importance des valeurs selon les cas étudiés. La moyenne pondérée pour la population est donnée comme suit :

$$u = \frac{\sum_{i=1}^{N} p_i x_i}{\sum_{i}^{N} p_i}$$

Où p_i représente les pondérations.

Exemple 4.3 : Coût des travaux

Le tableau 4.3 ci-dessous donne le nombre d'heures travaillées pour chaque artisan ainsi le coût horaire.

Tableau 4.3 : Coût des travaux

	Coût horaire	Nombre d'heures travaillées
Peintre	35 €/h	30 h
Plombier	45 €/h	10 h

Le coût horaire moyen n'est pas égal à $(35€/h + 45€/h)/2 = 40€/h$. Pour calculer le coût moyen, nous devons utiliser la moyenne pondérée. La pondération doit refléter le nombre d'heures travaillées.

Le coût horaire moyen :

$$(35\times 30+45\times 10)\ /\ (30+10)=37,5€/\text{h}$$

La moyenne simple surestime les coûts des travaux. Le prix horaire de plombier est plus cher mais il n'a réalisé que 10 heures par rapport au peintre.

3. Moyenne géométrique

La moyenne arithmétique simple n'est pas adéquate aux variables exprimées en variation relative. La moyenne géométrique est utilisée pour calculer la moyenne pour des variables qui expriment des évolutions en pourcentages.

$$\text{moyenne géométrique}=(x_1\times x_2\times x_3\times\ldots\times x_N)^{\frac{1}{N}}=\sqrt[N]{\prod_{n=1}^{N}x_n}$$

Exemple 4.4 : Taux de croissance moyen

Soit X le taux de croissance du chiffre d'affaires d'une entreprise sur quatre années successives. $X:\{5\%;3\%;-2\%;1\%\}$. Le taux de croissance du chiffre d'affaires moyen g est calculé comme suit :

$$(1+g)^4=(1+5\%)\times(1+3\%)\times(1-2\%)\times(1+1\%)$$

$$\Rightarrow g=\left[(1+5\%)\times(1+3\%)\times(1-2\%)\times(1+1\%)\right]^{\frac{1}{4}}-1=1{,}717\%$$

Le taux de croissance du chiffre d'affaires annuel moyen sur une période de quatre ans est de 1,717 %.

4. Moyenne tronquée

La moyenne tronquée est une moyenne simple sans les valeurs extrêmes. Elle est conçue pour pallier à la sensibilité de la moyenne simple aux valeurs aberrantes. La moyenne tronquée d'ordre k est notée comme suit :

$$\text{moyenne tronquée}(k)=\frac{1}{N-2\times K}\sum_{n=k+1}^{N-k}x_k$$

Exemple 4.5 : Moyenne tronquée

On considère la suite des valeurs suivantes :

$X=\{0{,}1;0{,}3;0{,}4;12;14;10;8;10;12;11;9;13;104;102;115\}$.

La moyenne tronquée d'ordre 20 % est égale à la moyenne des valeurs de x sans prendre les trois premières valeurs ni les trois dernières $(20\%\times 15)$, les valeurs de X sont classées par ordre croissant. Le nombre d'observations concernant la variable X est de $N=15$. Donc, $K=20\%\times 15=3$. La moyenne tronquée ne prend pas en considération les 3 premières et dernières observations (surlignées en gris).

$X=\{0{,}1;0{,}3;0{,}4;8;9;10;10;11;12;12;13;14;104;102;115\}$.

$$\frac{1}{15-2\times 3}\sum_{n=3+1}^{15-3}X_k=\frac{1}{9}\sum_{n=4}^{12}X_k=\frac{8+9+10+10+11+12+12+13+14}{9}=11$$

5. Moyenne harmonique

La moyenne harmonique est utilisée pour des variables strictement positive où le lien de proportionnalité inverse existe. La formule de calcul de la moyenne harmonique est la suivante :

$$\text{Moyenne harmonique} = \frac{N}{\sum_{i=1}^{N} \frac{1}{\theta_i}} = \frac{N}{\frac{1}{\theta_1} + \frac{1}{\theta_2} + \frac{1}{\theta_3} + \ldots + \frac{1}{\theta_N}}$$

Exemple 4.6 : Cours moyen d'un portefeuille

Considérons 4 investissements de 2000 euros chacun sur quatre périodes différentes et sur le même actif : Le premier investissement est réalisé lorsque le cours d'un actif coûte 10 € ; Le deuxième lorsque le cours est de 8 € ; Le troisième lorsque le cours est de 5 € et le dernier investissement lorsque le cours de l'actif est de 4 €.

Le cours moyen du portefeuille est donné par la moyenne harmonique.

$$\text{Cours moyen} = \frac{4}{\frac{1}{10€} + \frac{1}{8€} + \frac{1}{5€} + \frac{1}{4€}} = 5{,}9259€$$

6. Médiane

La médiane est la valeur qui partage une série d'observations (classée par ordre croissant ou décroissant) en deux sous parties égales. La médiane est la mesure de la position centrale la plus pertinente en présence des valeurs extrêmes. La médiane est préférée dans la mesure de tendance centrale pour certaines variables en raison de la sensibilité de la moyenne aux valeurs extrêmes. Cependant, elle est influencée par le nombre de données. La médiane peut également être indiquée par l'intersection des polygones des fréquences cumulatives croissantes et décroissantes pour les données groupées.

Exemple 4.7 : Médiane

On considère la suite de valeurs suivantes pour la variable X :

$X = \{10, 11, 13 ,10, 15, 16 ,10, 14, 17, 13, 18\}$

Pour calculer la médiane il faut commencer par mettre les données en ordre croissant ou décroissant. La médiane est la sixième valeur (qui correspond à 13) car elle partage les données en deux partie égales (50 % d'observations pour chaque partie).

7. Les quartiles

Les quartiles divisent les observations de l'échantillon ou de la population en quatre parties égales.

- Le premier quartile représente 25 % des observations ;
- Le deuxième quartile, comme la médiane, représente 50 % des observations ;
- Le troisième quartile représente 75 % des observations.

8. Le mode

Le mode est la valeur la plus fréquemment observée ou la valeur ou le caractère les plus partagés par les individus.

B. Paramètres de dispersions

Les paramètres de dispersion sont l'étendue, l'écart interquartiles, la variance, l'écart type et le coefficient de variations.

1. Étendue (E)

L'étendue est la mesure de la dispersion la plus simple.

$$E = la\ valeur\ la\ plus\ élevée - la\ valeur\ la\ plus\ petite$$

2. Écart interquartiles (EIQ)

L'écart interquartile ou « intervalle interquartile » correspond à la différence entre le troisième quartile (Q3) et le premier quartile (Q1).

$$Ecart\ interquartile = Q3 - Q1$$

3. Variance

La variance est un indicateur primordial en statistique et dans bien d'autres domaines scientifiques. Elle est la mesure de dispersion la plus utilisée. Elle peut refléter dans certains cas le risque, l'homogénéité, l'instabilité, etc.

La variance représente la moyenne des écarts au carré moyen par rapport à la moyenne. Elle est toujours positive et elle donne l'écart quadratique moyen. Plus la variance est petite plus les valeurs sont regroupées autour de la moyenne. Plus la variance est grande plus les valeurs sont dispersées.

- **Variance de la population (σ^2)**

$$\sigma^2 = \frac{1}{n}\sum_{1}^{n}(x_i - u)^2$$

Avec

$$u = \frac{1}{n}\sum_{1}^{n} x_i$$

- **Variance de l'échantillon (s^2)**

$$s^2 = \frac{1}{n-1}\sum_{1}^{n}(x_i - \bar{x})^2$$

Avec

$$\bar{x} = \frac{1}{n}\sum_{1}^{n} x_i$$

- Si $y_i = \beta + \alpha \times x_i$ alors $S_y^2 = \alpha^2 S_x^2$, β et α sont des constantes et S_x^2 et S_y^2 sont les variances de x_i et y_i respectivement.

Exemple 4.8 : Variation des notes des étudiants

On considère les notes de deux étudiants Maxime et Arnaud :

Matières	Maxime	Arnaud
Marketing	10	12
Finance	10	8
Management	10	10
Moyenne	10	10
Variance	0	$\frac{(12-10)^2+(8-10)^2+(10-10)^2}{3} = 2{,}67$

La moyenne des notes de ces deux étudiants est de 10. Les notes de l'étudiant Maxime ne varient pas par rapport à sa moyenne. Ceci implique une variance nulle. L'écart de chaque note par rapport à la moyenne de l'ensemble des notes est zéro. Simultanément, les notes d'Arnaud varient par rapport à la moyenne de ses notes. De ce fait sa variance ne peut pas être nulle.

$$Variance(B) = \frac{(12-10)^2+(8-10)^2+(10-10)^2}{3} = 2{,}67$$

Ce calcul montre que si Maxime est un élève assez constant dans toutes les disciplines, Arnaud a des préférences (ou des facilités) dans certaines disciplines et des défaillances dans d'autres.

4. L'écart type

L'écart type est la racine carrée de la variance.

Pour la population : $\sigma = \sqrt{\sigma^2} = \sqrt{\frac{1}{n}\sum_{1}^{n}(x_i - u)^2}$.

Pour l'échantillon : $s = \sqrt{s^2} = \sqrt{\frac{1}{n-1}\sum_{1}^{n}(x_i - \bar{x})^2}$.

L'écart type des notes de l'étudiant (A) est 0 et l'écart type de l'étudiant (B) égale $\sqrt{2.67} = 1{,}63$.

L'intérêt de l'écart type est qu'il s'exprime dans la même unité de mesure que les données (ici le nombre de points sur 20).

5. Le coefficient de variation (CV)

Le coefficient de variation est égal à l'écart type divisé par la moyenne. Il est utilisé pour comparer la dispersion des variables qui ne sont pas exprimées dans une même unité de mesure. En d'autres termes, le coefficient de variation est un indicateur de dispersion neutre car il ne dépend pas des unités choisies. Il est généralement exprimé en pourcentage.

Pour la population : $CV = \frac{\sigma}{u}$.

Pour l'échantillon : $CV = \frac{s}{\bar{x}}$.

C. Paramètres de formes

Les paramètres de forme mesurent la forme de la distribution. Les deux paramètres les plus utilisés sont : le coefficient d'asymétrie (Skewness) et le coefficient d'aplatissement (Kurtosis).

1. Le coefficient d'asymétrie (Skewness)

La formule pour le coefficient d'asymétrie pour un échantillon est donnée comme suit :

Coefficient d'asymétrie =

$$\frac{n}{(n-1)\times(n-2)} \times \frac{\sum_{i=1}^{n}(x_i - \bar{x})^3}{s^3} = \frac{n}{(n-1)\times(n-2)}\sum\left(\frac{x_i - \bar{x}}{s}\right)^3$$

Où : s est l'écart type et $\bar{x}$ la moyenne de X.

- Une distribution symétrique (moyenne = médiane = mode) = > la valeur du coefficient d'asymétrie est nulle.

Si la valeur du coefficient d'asymétrie est négative = > une distribution asymétrique à gauche. (La moyenne est inférieure à la médiane).

- Si la valeur du coefficient d'asymétrie est positive = > une distribution asymétrique à droite. (La moyenne est supérieure à la médiane).

2. Le coefficient d'aplatissement (Kurtosis)

Un estimateur du coefficient d'aplatissement pour $n > 3$ est donnée comme suit :

Coefficient d'aplatissement =

$$\frac{n\times(n+1)}{(n-1)\times(n-2)\times(n-3)}\sum\left(\frac{x_i-\bar{x}}{s}\right)^4-\frac{3(n-1)^2}{(n-2)\times(n-3)}$$

Où : s est l'écart type, $\bar{x}$ la moyenne de X et n représente la taille de l'échantillon.

- Une valeur positive du coefficient d'aplatissement désigne que la distribution est moins aplatie que la distribution gaussienne. On la nomme alors « distribution leptokurtique ».
- Une valeur négative du coefficient d'aplatissement indique la distribution plus aplatie que la distribution gaussienne. On parlera d'une « distribution de platikurtique ».
- Une valeur nulle du coefficient d'aplatissement signifie que la distribution est mésokurtique.

Les deux paramètres de formes sont utilisés pour comparer une distribution des données observées à une distribution gaussienne (loi normale ou la loi de Gauss ou Laplace-Gausse).

D. Données groupées

Dans certains cas où, dans une distribution, il y a beaucoup d'observations il est préférable de rassembler et de regrouper les données sous forme des classes pour une meilleure analyse statistique. L'interprétation des indicateurs statistiques reste la même que les données non groupées analysées dans les sous-sections précédentes. On remplace le mode par la classe modale et on calcule la moyenne en utilisant les centres de classes et la médiane se situe à l'intérieure de la calasse médiane.

1. Moyenne

- **Cas d'une variable continue**

Pour les données groupées en m classes la moyenne μ se calcule comme suit :

$$\mu=\frac{1}{N}\sum_{i=1}^{m}n_i\times c_i=\sum_{i=1}^{m}f_i\times c_i$$

Où c_i représente les centres des classes. $c_i=\frac{1}{2}\times(x_{i-1}+x_i)$. $x_{i-1}\, et\, x_i$ sont la borne inférieure et supérieure de chaque classe respectivement.

Exemple 4.9 : On considère les données de 400 employés concernant leurs salaires mensuels nets dans une entreprise (tableau 4.9).

Tableau 4.9 : Salaires de 400 employés

X : Salaires en milliers	n_i	c_i	$n_i \times c_i$
[1 000 €; 1 500 € [	60	1 250 €	75000€
[1 500 €; 2 000 € [	80	1 750 €	140 000 €
[2 000 €; 2 500 € [	130	2 250 €	292 500 €€
[2 500 €; 3 000 € [	70	2 750 €	192 500 €
[3 000 €; 3 500 € [	60	3 250 €	195 000 €
Total	$N = 400$		895 000 €

Le salaire mensuel moyen se calcule comme suit :

$$\mu = \frac{1}{N}\sum_{i=1}^{m} n_i \times c_i = \frac{1}{400} \times 895000 = 2237{,}5€$$

Le salaire moyen par employé est environ de 2 237 €.

- **Cas d'une variable discrète**

La moyenne des données groupées pour une variable discrète est donnée par la formule ci-dessous.

$$\mu = \frac{1}{N}\sum_{i=1}^{m} n_i \times x_i = \sum_{i=1}^{m} f_i \times x_i$$

Exemple 4.10 : Soit la série statistique définie dans le tableau 4.10 concernant le nombre de déplacement par salarié dans une année.

Tableau 4.10 : Déplacement de 400 employés

X : Nombre de déplacements	n_i	$n_i \times x_i$
0	60	0
1	190	190
2	110	220
3	40	120
Total	$N = 400$	530

La moyenne de déplacement par salarié est donnée comme suit :

$$\mu = \frac{1}{N}\sum_{i=1}^{m} n_i \times x_i = \frac{530}{400} = 1{,}325$$

Dans une année un employé effectue en moyenne 1,325 déplacement.

2. Médiane

- **Cas d'une variable continue**

Deux étapes à respecter pour estimer la médiane : la première consiste à localiser la classe médiane ; la deuxième consiste à estimer la médiane à l'intérieur de la classe centrale, sous l'hypothèse d'une distribution uniforme, en utilisant l'interpolation linéaire.

On suppose que la classe médiane est $[\alpha_i, \alpha_{i+1}[$, et alors la médiane égale à :

$$ME = \alpha_i + \left[\frac{50\% - F(\alpha_i)}{F(\alpha_{i+1}) - F(\alpha_i)} \times (\alpha_{i+1} - \alpha_i)\right]$$

Exemple 4.11 : Salaire mensuel

Reprenons l'exemple 4.9 pour estimer le salaire médian. À l'aide du tableau 4.11, nous localisons la classe médiane. La médiane se trouve à l'intérieure de cette classe : $[2000€ ; 2500€[$.

Tableau 4.11 : Fréquences cumulées

X : **Salaires en milliers**	n_i	N_i	F_i	
[1 000 € ; 1 500 € [	60	60	15 %	
[1 500 € ; 2 000 € [	80	140	35 %	
[2 000 € ; 2 500 € [	130	270	67,5 %	Classe centrale
[2 500 € ; 3 000 € [	70	340	85 %	
[3 000 € ; 3 500 € [	60	400	100 %	
Total	$N = 400$			

À l'aide de la figure 4.3 nous pouvons estimer la médiane. Sous l'hypothèse d'une distribution uniforme à l'intérieure de la classe médiane. L'estimation de la médiane est donnée avec le calcul suivant :

$$ME = \left[\frac{50\% - 35\%}{67{,}5\% - 35\%} \times (2500 - 2000)\right] + 2000 = 2230{,}679€$$

50 % des salariés ont un salaire net mensuel inférieur à 2 230,67 €.

Figure 4.3 : Interpolation Médiane

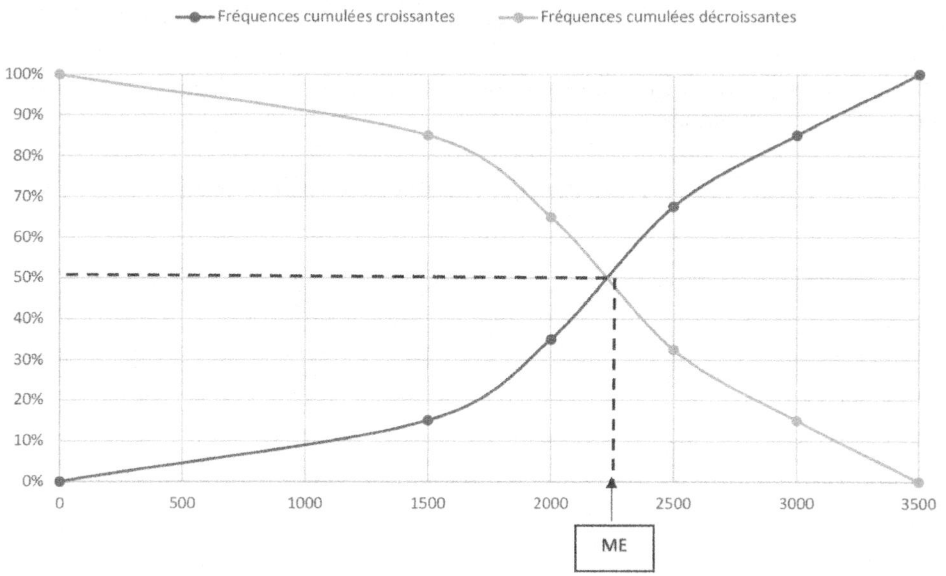

Source : Tableau 4.10

- **Cas d'une variable discrète**

Exemple 4.12 : reprenons l'exemple 4.10 concernant le nombre de déplacement par salarié. À l'aide du tableau 4.12 nous calculerons la médiane.

Tableau 4.12 : Fréquences cumulées

X : Nombre de déplacement	n_i	N_i	F_i
0	60	60	15%
1	190	250	63%
2	110	360	90%
3	40	400	100%
Total	$N = 400$		

Médiane 50%
400/2=200

La médiane est comprise entre la valeur numéro 200 et numéro 201. La médiane est égale à 1.

3. Médiale

La médiale est la valeur qui partage la **masse** de la variable en deux parties égales. En pratique la médiale est essentiellement appliquée pour des variables quantitatives. À l'instar de la médiane, la médiale se calcule par interpolation. La figure 4.4 montre la part des salaires détenue.

Exemple 4.13 : Reprenons l'exemple 4.1 sur les salaires de 400 employés.

Le tableau 4.13 donne la part de la masse salariale détenue par les employés. À titre d'exemple, 8.4 % des employés se partagent 75 000 €. 24 % des employés se partagent 215 000 €. 56,7 % des employés se partagent 507 500 €. Le tableau 4.13 montre également que la masse de la variable étudiée (masse salariale) est de : $\sum c_i \times n_i = 895000€$.

Tableau 4.13 : La part de la masse salaire détenue

X : **Salaires**	n_i	c_i	$n_i \times c_i$	$n_i \times c_i$ **croissant**	$n_i \times c_i$ **croissant (%)**
[1 000 € ; 1 500 € [	60	1 250 €	75000€	75 000 €	8,4 %
[1 500 € ; 2 000 € [	80	1 750 €	140 000 €	215 000 €	24,0 %
[2 000 € ; 2 500 € [	130	2 250 €	292 500 €	507 500 €	56,7 %
[2 500 € ; 3 000 € [	70	2 750 €	192 500 €	700 000 €	78,2 %
[3 000 € ; 3 500 € [	60	3 250 €	195 000 €	895 000 €	100,0 %
Total	400		895 000 €		

Comme la médiane nous allons utiliser la même technique pour estimer la valeur médiale.

$$ML = \left[\frac{50\% - 24\%}{56,7\% - 24\%} \times (2500 - 2000)\right] + 2000 = 2397,553€$$

La valeur 2 397,553 partage la masse salariale en deux parties égales.

La moitié de la masse salariale est détenue par les employés qui ont un salaire inférieur à 2 397,55 € (médiale). Par ailleurs, la moitié des employés ont un salaire inférieur à 2 230,67 € (médiane).

Figure 4.4 : Interpolation Médiale

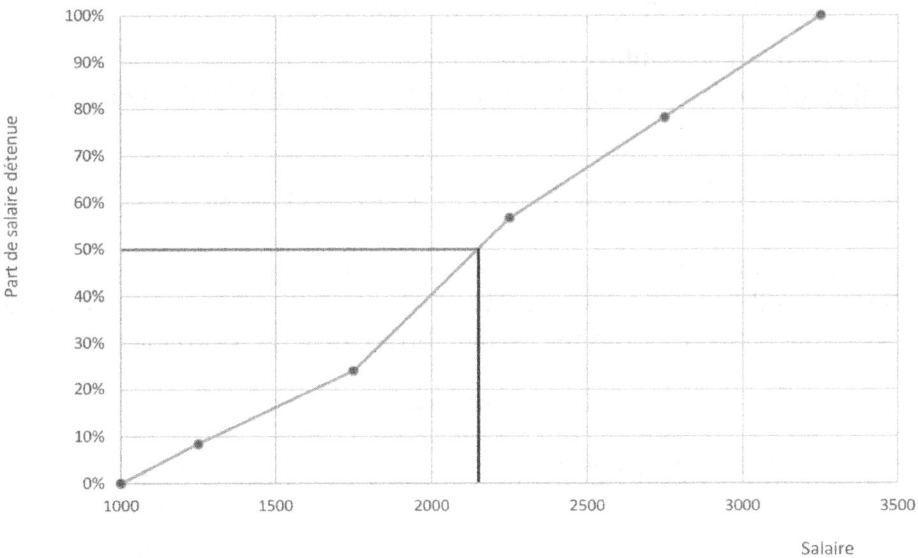

Source : Tableau 4.13

4. Variance

- **Cas d'une variable continue**

La formule de la variance pour des données groupées concernant une variable continue se calcule par la formule suivante :

$$\sigma^2 = \frac{1}{N}\sum_{i=1}^{m} n_i \times (c_i - \mu)^2 = \sum_{i=1}^{m} f_i \times (c_i - \mu)^2 = \sum_{i=1}^{m} \left(f_i \times c_i^2\right) - \mu^2$$

Exemple 4.14 : Variance des salaires (exemple 4.9)

Le tableau 4.14 donne les effectifs ainsi que les centres des classes et le produit $n_i \times (c_i - \mu)^2$ et μ : est le salaire moyen.

Tableau 4.14 : Variance (variable continue)

X : Salaires en milliers	n_i	c_i (centre de classes)	$n_i \times (c_i - \mu)^2$
[1 000 € ; 1 500 € [	60	1 250 €	58 509 375 €
[1 500 € ; 2 000 € [	80	1 750 €	19 012 500 €
[2 000 € ; 2 500 € [	130	2 250 €	20 313 €
[2500€ ; 3000€ [	70	2 750 €	18 385 938 €
[3000€ ; 3500€ [	60	3 250 €	61 509 375 €
Total	$N = 400$		157 437 500 €

$$\sigma^2 = \frac{1}{N}\sum_{i=1}^{m} n_i \times (c_i - \mu)^2 = \frac{157437500\text{ €}}{400} = 393594\text{€}$$

- **Cas d'une variable discrète**

La formule de la variance pour une variable discrète est donnée comme suit :

$$\sigma^2 = \frac{1}{N}\sum_{i=1}^{m} n_i \times (x_i - \mu) = \sum_{i=1}^{m} f_i \times (x_i - \mu) = \sum_{i=1}^{m} \left(f_i \times x_i^2\right) - \mu^2$$

Exemple 4.15 : Variance (nombre de déplacements)

Reprenons l'exemple 4.10 concernant le nombre de déplacements des 400 employés. Le tableau 4.15 donne les détails de calcul de la variance.

Tableau 4.15 : Variance (variable discrète)

X : Nombre de déplacement	n_i	$n_i \times (x_i - \mu)^2$
0	60	105,3375
1	190	20,06875
2	110	50,11875
3	40	112,225
Total	$N = 400$	287,75

$$\sigma^2 = \frac{1}{400}\sum_{i=1}^{i=3} 60 \times (0 - 1{,}325)^2 + 190 \times (1 - 1{,}325)^2 + 110 \times (2 - 1{,}325)^2$$

$$+40 \times (3 - 1{,}325)^2 = \frac{287{,}75}{400} = 0{,}719$$

La variance du nombre de déplacement est de 0,719.

À RETENIR

L'histogramme et le polygone des fréquences sont les outils graphiques les plus adéquats pour présenter des variables quantitatives. Trois types d'indicateurs peuvent être utilisés pour résumer une variable quantitative :

i. Les indicateurs de tendance centrale principalement sont : la moyenne le mode, la médiane et les quartiles.
ii. Les indicateurs de dispersion principalement sont : l'étendue, l'écart inter-quartiles, la variance, l'écart type et le coefficient de variation.
iii. Les indicateurs de forme sont le coefficient d'asymétrie et le coefficient d'aplatissement.

POUR EN SAVOIR PLUS

- Daniel Caumont et Silvester Ivanaj (2017), *Analyse des données*, Dunod (2017), ISBN : 978-2-10-076819-6.
- Denis J., Sweeney, D.J., Williams A., W., « *Essentials of Statistics for Business and Economics* », 6th edition by David R. Anderson, 2010, Cengage.
- Farid Makhlouf (2018), « Chapitre 6. Les approches quantitatives », *dans :* Frédéric Dosquet éd., *Études de marché*, Paris, Dunod, « Management Sup », 2018, p. 201-235. DOI : 10.3917/dunod.dosqu.2018.01.0201.
- Farid. Makhlouf (2017), *Regression Analysis*, pp. 1_10. Cham : Springer International Publishing.
- Hassène Siby (2017), *Introduction à la statistique et aux probabilités*, Loze-Dion éditeur, ISBN : 978-2-924601-06-8.
- Jean-Louis Monino (2017), *TD de statistique descriptive*, Dunod, ISBN : 978-2-10-076387-0.
- Legros, Benjamin (2016), *Mini manuel de Statistiques et probabilités en économie-gestion*, Dunod, Édition : 2 ISBN : 978-2-10-074530-2.

1. **Si deux populations ont la même médiane, alors :**
   - **a.** leurs coefficients d'aplatissement sont identiques
   - **b.** leurs moyennes sont identiques
   - **c.** leurs coefficients d'asymétrie doivent également être égaux
   - **d.** aucune réponse ne convient
2. **Le paramètre de position le plus sensible aux valeurs extrêmes est :**
   - **a.** le coefficient de variation
   - **b.** la variance
   - **c.** l'écart type
   - **d.** aucune réponse ne convient
3. **La moyenne tronquée est un paramètre de :**
   - **a.** tendance centrale
   - **b.** dispersion
   - **c.** variabilité
   - **d.** aucune réponse ne convient
4. **Parmi les éléments suivants, lequel n'est pas une mesure de position**
   - **a.** le mode
   - **b.** la variance
   - **c.** la médiane
   - **d.** aucune réponse ne convient
5. **La valeur de l'écart type ne peut en aucun cas être :**
   - **a.** nulle
   - **b.** supérieure à la médiane
   - **c.** inférieure à zéro
   - **d.** aucune réponse ne convient

CORRIGÉ

1. d

2. d

3. a

4. b

5. c

Fiche 5

Position relative et valeurs aberrantes

DÉFINITIONS

- La **variable centrée réduite** d'une variable (X) notée (Z) est appelée variable standardisée. Elle donne pour chaque valeur de X sa distance en termes d'écart type par rapport à la moyenne. Elle donne une position pour chaque observation, dans la distribution par rapport à la moyenne. Une variable centrée réduite permet de comparer plusieurs individus sur une seule variable ou de comparer une position d'un seul individu sur plusieurs variables.
- Une **valeur aberrante** est une observation particulière dans une distribution de données, dont sa distance, mesurée en termes d'écart type, à la moyenne est considérée comme déraisonnable par l'analyste. En pratique, dans une distribution normale, une valeur qui se situe à une distance supérieure à trois écart types est considérée comme une valeur aberrante. Graphiquement, le diagramme en boîte (box plot) peut également être utilisé pour visualiser les valeurs aberrantes.

I. Variable centrée réduite (Z-score)

Situer l'observation par rapport à la distribution ou par rapport à la moyenne permet d'avoir des informations pertinentes. Notamment pour comparer cette observation avec des observations qui ne sont pas mesurées dans un même contexte ou dans une même unité de mesure. Par exemple, pour comparer la performance d'un étudiant entre deux matières (Anglais et Espagnol) nous devrions prendre en considération la moyenne des étudiants dans les deux matières. L'étudiant a obtenu une note de $(14/20)$ en anglais et $(13/20)$ en espagnol. Une comparaison directe est difficilement interprétable.

La moyenne de tous les étudiants en anglais est de $(17/20)$ et la moyenne de tous les étudiants en espagnol est de $(10/20)$. En prenant en compte la moyenne des distributions des notes en anglais et en espagnol, on peut conclure que l'étudiant est moins performant en anglais par rapport à la moyenne des étudiants. Cependant, l'étudiant est plus performant en espagnol par rapport à la moyenne de sa promotion.

Une observation prise de manière isolée rend la prise de décision difficile. Souvent la position de l'observation par rapport à la distribution est considérée pour prendre une bonne décision. La variable centrée réduite Z transforme les observations dans une distribution en valeurs standardisées. Elle compare chaque valeur à la moyenne de la distribution en termes d'écart types.

La formule ci-dessous décrit le calcul de la variable Z_i pour la variable X_i:

$$z_i = \frac{x_i - \overline{x}}{s}$$

Où $\overline{x}$: la moyenne de la variable X et s : l'écart type de X.

Les valeurs de la variable X qui sont supérieures à la moyenne vont avoir des valeurs supérieures à 0 dans la variable Z. Les valeurs de la variable X qui se situent en dessous de la moyenne auront des valeurs négatives dans la variable Z. Si une valeur de Z est égale à 0, alors cela implique que sa valeur en X exactement égale à la moyenne. La moyenne de est de 0 et son écart type égal à 1.

- $z_i = 0 \Rightarrow x_i = \overline{x}$
- $z_i > 0 \Rightarrow x_i > \overline{x}$
- $z_i < 0 \Rightarrow x_i < \overline{x}$

Par construction, la moyenne de Z est de 0 et son écart type égal à 1.

Exemple 5.1 : Variable centrée réduite

Considérons la variable (X) les notes de 5 étudiants, avec une moyenne et l'écart type de la promotion (100 étudiants) de 12 et 2 respectivement, dans le tableau 5.1 :

Tableau 5.1 : Variable centrée et réduite

Étudiant	*X* (Notes des étudiants)	*Z* (Variable centrée réduite)
Julien	11	$\frac{(11-12)}{2} = -0{,}5$
Florent	12	$\frac{(12-12)}{2} = 0$
Mayssa	18	$\frac{(18-12)}{2} = 3$
Sabine	6	$\frac{(6-12)}{2} = -3$
Elsa	13	$\frac{(13-12)}{2} = 0{,}5$
	Moyenne de la promotion = 12	Moyenne = 0
	Écart type de la promotion = 2	Écart type = 1

Plus la valeur de Z est loin de 0, et plus la valeur de l'observation qui lui correspond est éloignée de la moyenne. La valeur de Z score concernant Florent est de 0 cela indique que sa note égale à la moyenne du groupe. La note de Mayssa (Z = +3) est la plus élevée et la note (Z = −3) de Sabine est la plus faible. La note de Sabine se situe à 3 fois l'écart type en dessous de la moyenne.

II. Théorème de Chebyshev (inégalité de Bienaymé-Tchebychev)

Pour une série statistique de moyenne u et de variance σ^2 et pour tout $a \in \mathbb{R}_+^*$ (réel strictement positif), il y a au moins $(1-\frac{1}{a^2})$ des observations qui appartiennent à l'intervalle $[u - a\times\sigma;\ u + a\times\sigma]$.

Exemple 5.2 : Théorème de Chebyshev

On considère les données de l'exemple 5.1 concernant les notes des étudiants avec une moyenne de 12 et un écart type de 2.

Pour $a = 2$, au **moins** $(1-\frac{1}{2^2}) = 75\,\%$ des étudiants ont une note qui appartient à l'intervalle suivant : $[12-2\times 2\ ;\ 12+2\times 2] = [8\ ;\ 16]$.

Selon le théorème de Chebyshev

- Au moins 75 % des observations se situent entre la moyenne et plus au moins 2 fois l'écart type $[\mu - 2\times\sigma;\ \mu + 2\times\sigma]$.
- Au moins 89 % des observations se situent entre la moyenne et plus au moins 3 fois l'écart type $[u - 3\times\sigma;\ u + 3\times\sigma]$.

- Au moins 94 % des observations se situent entre la moyenne et plus au moins 4 fois l'écart type. $[u - 4 \times \sigma;\ u + 4 \times \sigma]$.

III. Règle empirique

Si les données sont symétriques, la règle empirique peut être utile pour délimiter le nombre d'observations dans cet intervalle :

$[u - a \times \sigma;\ u + a \times \sigma]$, σ représente l'écart type et a une valeur positive. Théoriquement, la règle empirique est basée sur la loi normale.

Comme le montre la figure 1, la règle empirique stipule que :

- 68,26 % des observations se situent entre la moyenne (***u***) et plus au moins un écart type (σ) : $[\mu - 1 \times \sigma;\ \mu + 1 \times \sigma]$.
- 95,44 % des observations se situent entre la moyenne et plus au moins deux fois l'écart type : $[\mu - 2 \times \sigma;\ \mu + 2 \times \sigma]$.
- 99,72 % des observations se situent entre la moyenne et plus au moins trois fois l'écart type : $[\mu - 3 \times \sigma;\ \mu + 3 \times \sigma]$.

Figure 5.1 : Distribution de loi normale

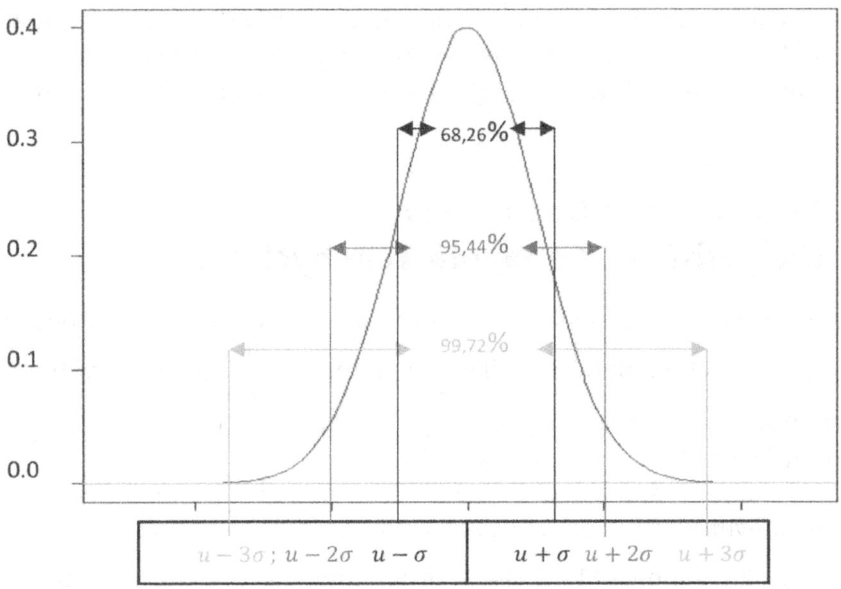

Source : logiciel R (code : plot(density(rnorm(1000000, mean = 0,sd = 1),), main ="", col = 2, ylab ="")

IV. Détection des valeurs aberrantes

Une observation est considérée comme une valeur aberrante si sa valeur est trop éloignée de la moyenne. La distance par rapport à la moyenne est mesurée par l'écart type. Les valeurs qui n'appartiennent pas cet intervalle $[u-3\times\sigma;\ u+3\times\sigma]$ peuvent être considérées comme des valeurs aberrantes. Les valeurs aberrantes sont à l'origine d'erreurs ou sont dues à des contextes exceptionnels. Les valeurs aberrantes méritent un intérêt particulier dans des traitements des bases de données car elles influencent certains indicateurs de position et de dispersion et conduisent à des conclusions biaisées.

À RETENIR

La variable centrée réduite exprime la position relative de chaque valeur par rapport à la moyenne. Une observation est dite aberrante si elle se situe loin de la moyenne. En pratique cette distance est, généralement, mesurée par l'écart type. La valeur est considérée comme aberrante si sa distance par rapport à la moyenne dépasse trois écart types.

POUR EN SAVOIR PLUS

- Denis J., Sweeney, D.J., Williams A., W., *Essentials of Statistics for Business and Economics,* 6th edition by David R. Anderson, 2010, Cengage.
- Legros, Benjamin (2016), *Mini manuel de Statistiques et probabilités en économie-gestion,* Dunod, 2 ISBN : 978-2-10-074530-2.
- Renée Veysseyre (2001), *Aide-memoire Statistique et probabilités pour l'ingénieur,* Dunod, ISBN : 978-2-10-071449-0.

1. **On considère une variable statistique avec une moyenne de 40 et un écart type de 3. En utilisant le théorème de Chebyshev:**
   a. donner un intervalle avec au moins 75 % des observations.
   b. calculer le pourcentage des observations qui appartiennent à cet intervalle [31; 49].
2. **Dans un groupe d'étudiant, la note moyenne à l'examen final est égale à 12 avec un écart-type de 1. On suppose que les notes sont symétriques et suivent une loi normale. En utilisant la règle empirique:**
   a. quel est le pourcentage des élèves qui ont reçu une note comprise entre 10 et 14?
   b. une note de 4 est-elle une valeur aberrante?

CORRIGÉ

1. **a.** $[40-2\times3\,;40+2\times3]=[34\,;46]$; au moins 75 % $(1-\frac{1}{2^2})$ des observations appartiennent à $[34\,;46]$.
   b. 88,89 % / $[31\,;49]=[40-3\times3\,;40+3\times3]$.
   $\left(1-\frac{1}{3^2}\right)=1-\frac{1}{9}=88,89\%$.
2. **a.** 95,44 % car $[10\,;14]=[12-2\times1\,;12+2\times1]$.
   b. Oui car $4\notin[12-3\times1;12+3\times1]$.

Fiche 6

Relation entre deux variables quantitatives

DÉFINITIONS

- La **covariance** est une mesure de liaison linéaire entre deux variables quantitatives.
- Le **nuage de points** est un graphique qui met en évidence la relation entre deux variables quantitatives. Il nous donne une information sur la corrélation linéaire et la tendance.
- Le **coefficient de corrélation** est une mesure de l'association linéaire entre deux variables quantitatives, cependant, il ne mesure pas la causalité et il varie entre −1 et +1.
- La **droite de tendance** permet d'ajuster linéairement un nuage de points entre deux variables quantitatives.

I. Méthodes graphiques

Dans certains cas, nous avons besoin d'étudier l'interaction entre deux variables quantitatives afin de prendre une bonne décision. Parfois, la relation entre deux variables peut être prédéterminée théoriquement et le modélisateur a besoin de vérifier cette relation empiriquement. La relation entre deux variables quantitatives peut être représentée graphiquement ou à l'aide d'un indicateur numérique. L'outil graphique nous permet de détecter visuellement la nature de la relation et éventuellement la nature de la tendance entre les deux variables.

A. Nuage de points

Le nuage de points est un outil graphique qui permet de mettre en exergue la relation entre deux variables quantitatives. Généralement, la variable en abscisse représente la variable de cause et la variable en ordonnée représente la variable de réponse. Le nuage de points peut montrer que la relation entre les deux variables est :

- Linéaire et positive ;
- Linéaire est négative ;
- Non linéaire ;
- Inexistante.

Exemple 6.1: Révision et note d'examen

Dans le tableau 6.1, on considère deux variables suivantes : Le temps consacré à la révision et la note de l'examen. Ceci sur un échantillon de 5 étudiants.

Tableau 6.1 : Révision et note d'examen

Étudiants	Maxime	David	Cylia	Manon	Stan
Nombre d'heures de révision avant l'examen	2	3	4	1	6
Note de l'examen sur 20	11	13	14	8	18

Pour présenter graphiquement la relation entre le temps consacré à la révision mesuré en nombre d'heures et la note de l'examen (mesurée en points de 0 à 20) comme le montre la figure 6.1.

Figure 6.1 : Nuage de points (révision (X), note d'examen (Y))

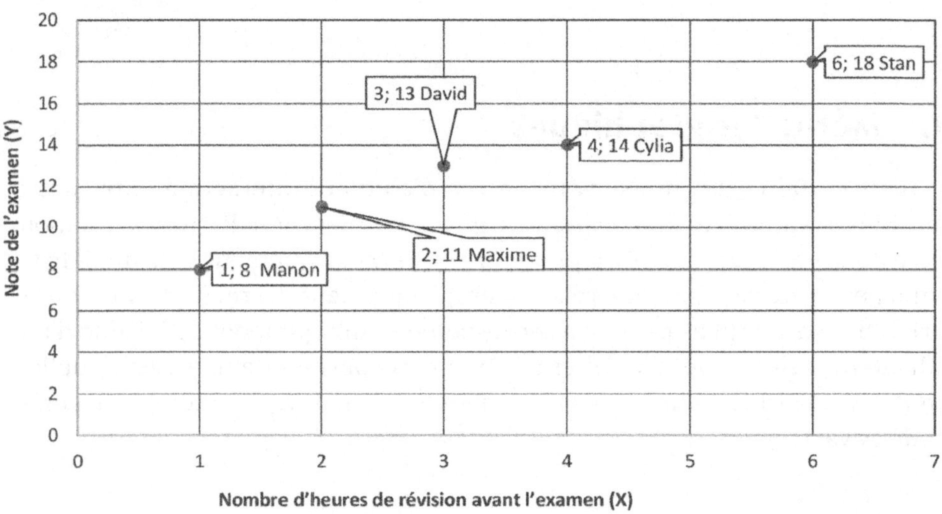

Source : Tableau 6.1

Le nuage de points indique clairement que la relation est positive entre le temps consacré à la révision et la note obtenue par chaque étudiant.

B. La droite de tendance

La droite de régression (méthode des moindres des carrés ordinaire) permet de définir la courbe de tendance entre X et Y à savoir :

$$Y = b_0 + b_1 x$$

Avec

$$b_1 = \frac{cov(X,Y)}{\text{var}(X)} \text{ et } b_0 = \bar{Y} - b_1 \bar{X}$$

Où :

$\bar{Y}$ et $\bar{X}$ sont la moyenne de Y et X respectivement.

$\text{Var}(X)$ est la variance de X.

$cov(X,Y)$ est la covariance entre X et Y.

Figure 6.2 : Droite d'ajustement

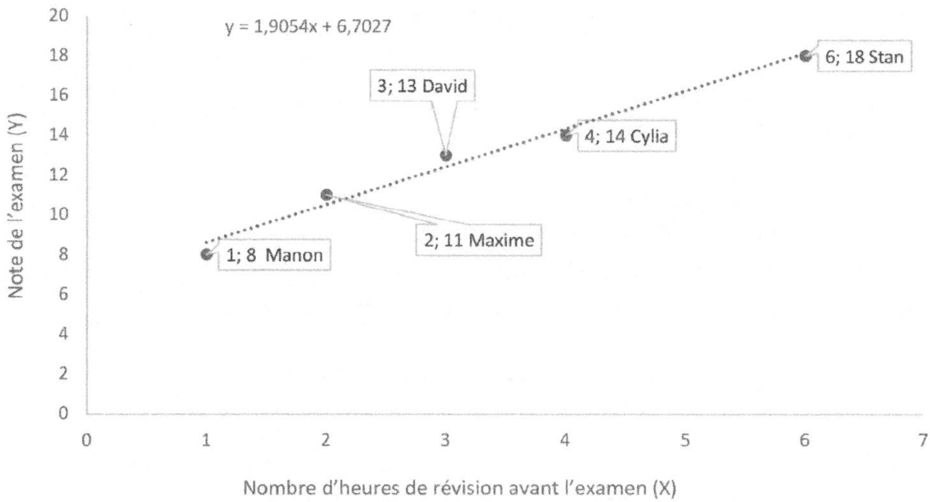

Source : Tableau 6.1

La droite d'ajustement montre clairement que la relation entre le nombre d'heures de révisions avant l'examen et la note obtenue est positive. Le coefficient directeur de la droite d'ajustement est positif et égal à 1,9054. La constante est égale à 6,7027.

II. Méthodes numériques

A. La covariance

Une covariance, entre deux variables (X et Y), positive indique que lorsque les valeurs de X sont supérieures à leur moyenne, les valeurs de Y le sont aussi. La covariance est égale à la somme des produits des variables centrées de X et de Y. La formule de la covariance est donnée comme suit :

- **Cas 1** : pour deux populations :

$$\sigma_{xy} = \frac{\sum_{1}^{n}(x_i - u_x)\times(y_i - u_y)}{n}$$

Où :

u_x : la moyenne de la variable X.

u_y : la moyenne de la variable y.

- **Cas 2** : pour deux échantillons :

$$S_{xy} = \frac{\sum_{i=1}^{i=n}(x_i - \bar{x})\times(y_i - \bar{y})}{n-1}$$

Où :

$\bar{x}$: la moyenne de la variable X.

$\bar{y}$: la moyenne de la variable Y.

- **Covariance positive**

On considère deux échantillons suivants :

$X = \{2;4;5;6;3\} et Y = \{10;12;13;16;9\}$

Les moyennes de X et Y sont 4 et 12 respectivement.

Figure 6.3 : Covariance positive

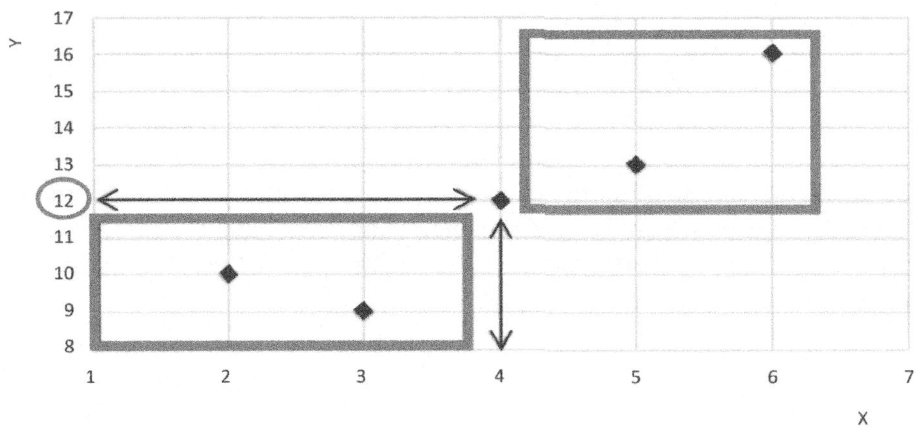

Quand les valeurs de X sont supérieures à 4 (la moyenne de X), les valeurs de Y sont également supérieurs à 12 (12 étant la moyenne de Y). Quand les valeurs de X sont inférieures à 4 les valeurs de Y sont également inférieurs à 12. La covariance entre X et Y supérieure à 0 (figure 6.3).

$$S_{xy} = \frac{1}{(5-1)} \times \left[(2-4)\times(10-12)+(4-4)\times(12-12)+(5-4)\times(13-12)\right.$$
$$\left.+(6-4)\times(16-12)+(3-4)\times(9-12)\right] = 4$$

- **Covariance négative**

On considère deux échantillons suivants :
$X = \{2;4;6;5;3\}$ et $Y = \{15;12;10;9;14\}$

Les moyennes de X et Y sont 4 et 12 respectivement.

Figure 6.4: Covariance négative

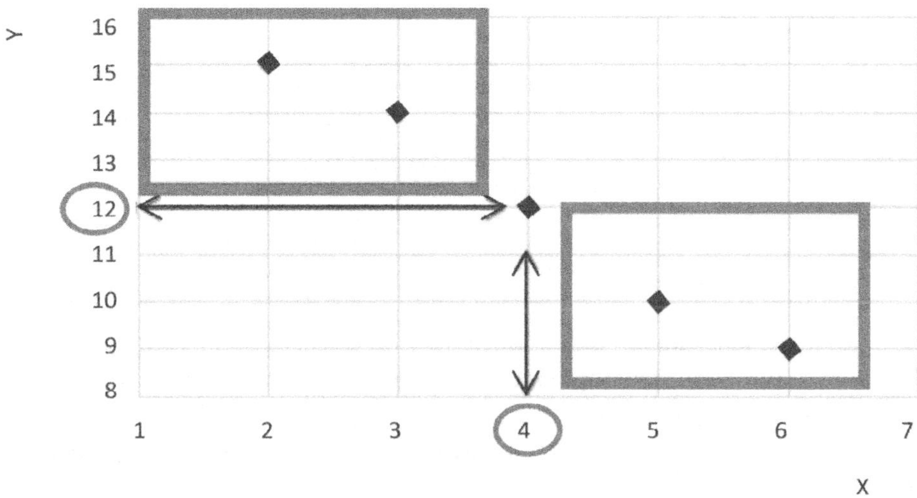

Quand les valeurs de X sont supérieures à 4 (moyenne de X), les valeurs de Y sont inférieures à 12 (moyenne de Y) et vice versa.

La valeur de covariance entre X et Y est négative (figure 6.4).

$$S_{xy} = \frac{1}{(5-1)} \times \left[(2-4)\times(15-12)+(4-4)\times(12-12)+(6-4)\times(10-12)\right.$$
$$\left.+(5-4)\times(9-12)+(3-4)\times(14-12)\right] = -3,75$$

- **Covariance proche de zéro**

On considère deux échantillons suivants :

$$X = \{4;5;5;6;5\} \text{ et } Y = \{12;7;16;13;12\}$$

Les moyennes de X et Y sont 5 et 12 respectivement.

Figure 6.5 : Covariance nulle

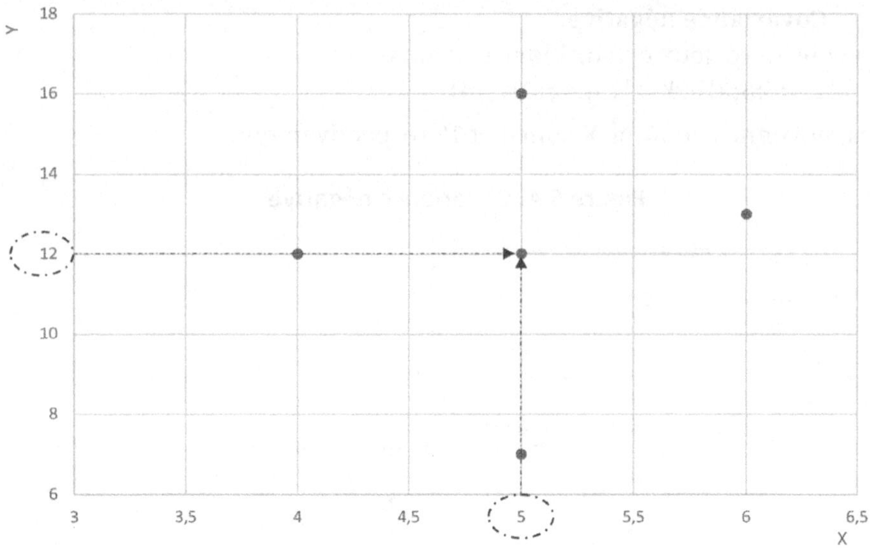

Quand les valeurs de X sont supérieures ou égales à 5 (moyenne de X) les valeurs de Y peuvent être supérieures ou inférieures à 12 (moyenne de Y). Dans ce cas la variance sera proche de 0 ce qui implique qu'il n'y a pas de relation entre X et Y. La valeur de la covariance entre X et Y proche de zéro (figure 6.5).

$$S_{xy} = \frac{1}{(5-1)} \times \left[(4-5)\times(12-12)+(5-5)\times(7-12)+(5-5)\times(10-12)\right.$$
$$\left.+(6-5)\times(13-12)+(5-5)\times(12-12))\right] = 0{,}25$$

B. Coefficient de corrélation

Le coefficient de corrélation indique l'intensité de la relation entre deux variables quantitatives. Le coefficient de corrélation prend des valeurs entre −1 et +1. Une valeur proche de (+1) désigne une relation linéaire forte et positive. Une valeur proche de (−1) indique une relation forte et négative entre les deux variables. Une valeur proche de (0) montre une relation linéaire faible ou inexistante entre les deux variables. Il est égal à la covariance de X et Y divisé par le produit des écart types de X et Y.

Le coefficient de corrélation est calculé comme suit :

- **Cas 1 :** deux populations :

$$\rho_{XY} = \frac{\sigma_{XY}}{\sigma_X \times \sigma_Y}$$

Avec

$$\sigma_{XY} = \frac{\sum_{i=1}^{N}(x_i - u_x)(y_i - u_y)}{N}$$

$$\sigma_X = \sqrt{\frac{1}{n}\sum_{i=1}^{n}(x_i - u_x)^2} \text{ et } \sigma_Y = \sqrt{\frac{1}{n}\sum_{i=1}^{n}(y_i - u_y)^2}$$

u_x : la moyenne de X.
u_y : la moyenne de Y.

- **Cas 1 :** deux échantillons :

$$r_{XY} = \frac{s_{XY}}{S_X \times S_Y}$$

Avec

$$s_{XY} = \frac{\sum_{i=1}^{n}(x_i - \overline{x})(y_i - \overline{y})}{n-1}$$

$$S_X = \sqrt{\frac{1}{n-1}\sum_{i=1}^{n}(x_i - \overline{x})^2} \text{ et } s_Y = \sqrt{\frac{1}{n-1}\sum_{i=1}^{n}(y_i - \overline{y})^2}$$

$\overline{x}$: la moyenne de X.
$\overline{y}$: la moyenne de Y.

Exemple 6.2 : Révision et note d'examen

Le coefficient de corrélation entre le nombre d'heures de révision et la note d'examen se calcule ainsi : $\overline{x} = 3{,}2$ et $\overline{y} = 12{,}8$.

$$s_{XY} = \frac{1}{4} \times \big[(2-3{,}2)(11-12{,}8) + (3-3{,}2)(13-12{,}8) + (4-3{,}2)(14-12{,}8) + (1-3{,}2)(8-12{,}8) + (6-3{,}2)(18-12{,}8)\big] = 7{,}05$$

$$S_X = \sqrt{\frac{(2-3{,}2)^2 \times (3-3{,}2)^2 \times (4-3{,}2)^2 \times (1-3{,}2)^2 \times (6-3{,}2)^2}{5-1}} = 1{,}9235$$

$$S_Y = \sqrt{\frac{(11-12{,}8)^2 \times (13-12{,}8)^2 \times (14-12{,}8)^2 \times (8-12{,}8)^2 \times (18-12{,}8)^2}{5-1}} = 3{,}7013$$

$$r_{XY} = \frac{s_{XY}}{S_X \times S_Y} = \frac{7{,}05}{1{,}9235 \times 3{,}7013} = 0{,}99$$

Le coefficient de corrélation est proche de 1. Il implique une relation positive entre le temps passé à réviser et la note obtenue lors de l'examen.

À RETENIR

Ce n'est pas parce que deux variables sont fortement corrélées que l'une est la cause de l'autre. Par exemple, il y a une forte corrélation entre la consommation de poulet par habitant et les importations de pétrole aux États-Unis (corrélation = 0,899)[1]. Cependant, il n'y a pas de causalité entre les deux variables.
Le coefficient de corrélation linéaire mesure l'association entre deux variables sous l'hypothèse de linéarité. Cependant, dans certains cas la relation entre deux variables quantitatives peut être non-linéaire. Dans ce cas, il est intéressant d'estimer le coefficient de corrélation pour chaque intervalle où la relation est linéaire.

POUR EN SAVOIR PLUS

- Farid Makhlouf (2017), *Regression Analysis. In*: Farazmand A. (eds) Global Encyclopedia of Public Administration, Public Policy, and Governance. Springer, Cham. https://doi.org/10.1007/978-3-319-31816-5_476-1.
- Legros, Benjamin (2016), *Mini manuel de Statistiques et probabilités en économie-gestion*, Dunod Édition, 2 ISBN : 978-2-10-074530-2.
- Pierre-Charles Pupion (2010), « Méthodes statistiques applicables aux petits échantillons : avec des applications en sciences sociales, économie et gestion », Éditions Hermann, ISBN : 978-2-70-567069-6.

1. Source : https://tylervigen.com/spurious-correlations

1. La valeur du coefficient de corrélation varie entre :

a. −1 et 0
b. −1 et +1
c. 0 et +1
d. aucune réponse ne convient

2. Une covariance positive entre deux variables quantitatives indique que :

a. la moyenne des deux variables sont positives
b. la relation entre les deux variables est négative
c. la relation entre les deux variables est positive
d. aucune réponse ne convient

3. Un coefficient de corrélation entre X et Y proche de 1. Il indique que :

a. une moyenne positive de X
b. une moyenne positive de Y
c. une relation faible entre X et Y
d. aucune réponse ne convient

4. Un indicateur de mesure de la relation linéaire entre deux variables quantitatives est :

a. le coefficient d'asymétrie
b. le coefficient de corrélation
c. le coefficient de variation
d. aucune réponse ne convient

5. La covariance entre X et Y est égale à 18, la variance de X est égale à 25 et la variance de Y est égale à 16. Le coefficient de corrélation est égal à :

a. 0,9
b. 0,64
c. 0,8
d. Aucune réponse ne convient

CORRIGÉ

1. b

2. c

3. d

4. b

5. a

Fiche 7

Relation entre deux variables qualitatives

I. Méthodes graphiques
II. Méthodes numériques

DÉFINITIONS

- La **tabulation croisée** ou **tableau de contingence** est un outil qui permet de présenter l'interaction entre deux variables. Il présente les résultats sous forme d'un tableau à double entrées pour croiser les modalités des deux variables. Le tableau 7.1 est un tableau de contingence. Il présente la relation entre X avec $i=(1,..,k)$ modalités et Y avec $j=(1,..,m)$ modalités.

Tableau 7.1 : Tableau de contingence

x_i \ y_j	y_1	y_2	...	y_m	Total
x_1	$n_{1,1}$	$n_{1,2}$	...	$n_{1,m}$	$n_{(1,.)}$
x_2	$n_{2,1}$	$n_{2,2}$	...	$n_{2,m}$	$n_{(2,.)}$
. . .	. . .	. . .	... ...	. . .	
x_k	$n_{k,1}$	$n_{k,2}$		$n_{k,m}$	$n_{k.}$
Total	$n_{.,1}$	$n_{.,2}$		$n_{.,m}$	$n_{..}$

Où :
$n_{..}$: le total global des observations (ensemble des effectifs).
$n_{.m}$: le total des observations qui correspondent à la modalité m de la variable Y indépendamment des modalités de la variable X.
$n_{k.}$: le total des observations qui correspondent à la modalité k de la variable X indépendamment des modalités de la variable Y.
n_{km} : le total des observations qui correspondent en même temps à la modalité k de la variable X et à la modalité m de la variable Y.

- Les **fréquences relatives jointes** notées f_{km} du couple (x_k, y_m) correspondent aux observations qui satisfont les deux modalités i et j pour les variables X et Y respectivement.

$$f_{km} = \frac{n_{km}}{n_{..}} = \frac{n_{km}}{N}$$

- Les **pourcentages en ligne** sont des fréquences conditionnelles de la variable X avec des modalités en lignes compte tenu des modalités de la variable Y en colonnes. Le pourcentage en ligne est égal à :

$$\frac{n_{km}}{n_{k.}}$$

- Les **pourcentages en colonne** sont des fréquences conditionnelles de la variable Y compte tenu des modalités de la variable (X). Le pourcentage en colonne est égal à

$$\frac{n_{km}}{n_{.m}}$$

- Les **fréquences marginales** fournissent des informations pour chaque variable prise individuellement sans tenir compte de l'interaction avec d'autres variables. Pour deux variables X et Y elles représentent les fréquences d'une variable X indépendamment de la variable Y et les fréquences de la variable Y indépendamment de la variable X. Les fréquences marginales ne donnent pas d'informations sur la relation entre deux variables. La fréquence marginale de x_k est égale $f_{k.}$ et la fréquence marginale de $y_m = f_{.m}$.

I. Méthodes graphiques

Le diagramme à barres est le graphique le plus utilisé pour illustrer la relation entre deux variables qualitatives.

Exemple 7.1 : Région d'habitation et sport préféré.

Soient deux variables « **Sport préféré** » notée Y avec deux modalités (i = {1,2}) et « **Région d'habitation** » notée X avec deux modalités (j = {1,2}).

y_1 : « Sport préféré = Foot » et y_2 : « Sport préféré = Rugby ».

x_1 : « région d'habitation = Nord et : « Région d'habitation = Sud ».

Le tableau 7.2 de contingence *infra* donne les résultats pour un échantillon de 360 individus.

Tableau 7.2 : Tableau de contingence

Effectif conjoints
n_{ij}

		Sport préféré (Y)		
		Foot	Rugby	Total
Région (X)	Nord	100	80	180
	Sud	60	120	180
	Total	160	200	360

Observations relatives à la variable X indépendamment de la variable Y
$n_{1.}$; $n_{2.}$

Observations relatives à la variable Y indépendamment de la variable X
$n_{.1}$ et $n_{.2}$

Le total des individus
($n_{..}$)

Graphiquement on peut présenter le tableau 7.2 comme suit :

Figure 7.1 : Région d'habitation et sport préféré

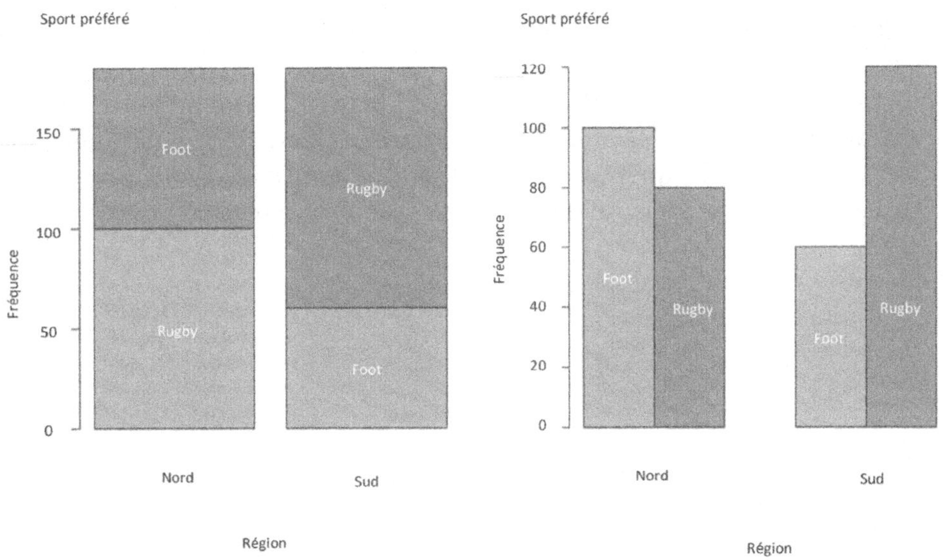

Source : Tableau 7.2

La transformation des observations du tableau de contingence en pourcentage en ligne ou en colonnes permet de bien comprendre la relation entre les deux variables.

- **Pourcentage en ligne**

Les pourcentages en ligne sont obtenus en divisant les effectifs conjoints n_{ij} par le total de la ligne correspondante $n_{i.}$. Le tableau 7.3 montre les détails des calculs des pourcentages en ligne.

Tableau 7.3 : Pourcentages en lignes

		Sport préféré (Y)		
		Foot	Rugby	Total
Région (X)	Nord	(100/180) = **55,56%**	(80/180) = **44,44%**	(180/180) = **100%**
	Sud	(60/180) = **33,33%**	(120/180) = **66,67%**	(180/180) = **100%**
	Total	(160/360) = 44,44%	(200/360) = 55,56%	(360/360) = **100%**

Fréquences marginales (Y)

Interprétation :

- Parmi les personnes qui habitent dans le nord 55,56 % préfèrent le foot et 44, 44 % préfèrent le rugby.
- Parmi les personnes qui habitent dans le sud 33, 33 % préfèrent le foot et 66,67 % préfèrent le rugby.
- 44,44 % des habitants préfèrent le foot indépendamment de la région d'habitation et 55,56 % préfèrent le rugby dans les deux régions (dans ce cas on parle de fréquences marginales pour la variable Y).

La figure 7. 2 montre la relation entre les deux variables en pourcentage en ligne.

Figure 7.2 : Pourcentage en ligne

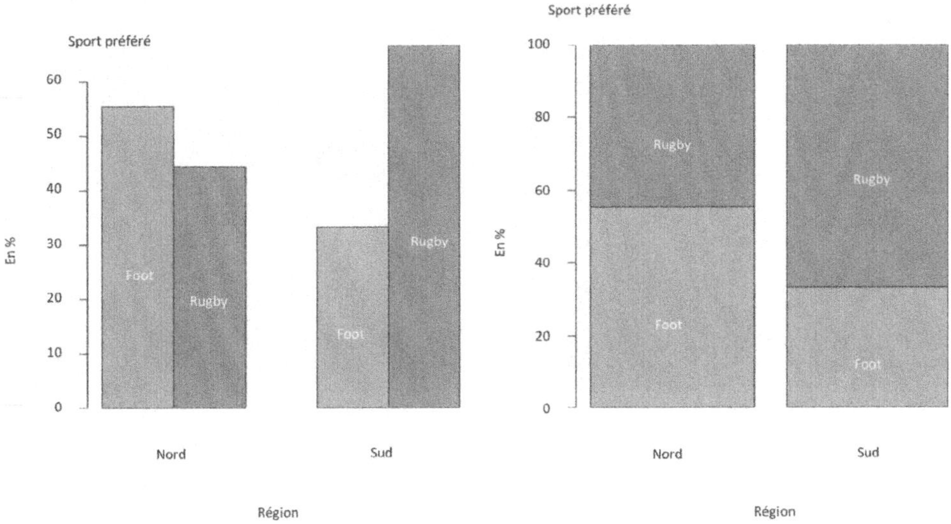

Source : Tableau 7.3

- **Pourcentage en colonne**

Les pourcentages en colonne sont obtenus en divisant les observations jointes n_{ij} par le total de la colonne correspondante. Le tableau 7.4 montre les détails des calculs des pourcentages en colonne.

Tableau 7.4 : Pourcentage en colonne

		Sport préféré (Y)		
		Foot	**Rugby**	**Total**
Région (X)	Nord	(100/160) = **62,5 %**	(80/200) = **40 %**	(180/360) = **50 %**
Région (X)	Sud	(60/160) = **37,5 %**	(120/200) = **60 %**	(180/360) = **50 %**
	Total	(160/160) = **100 %**	(200/200) = **100 %**	(360/360) = **100 %**

Interprétation :

- 62 ,5 % des individus qui préfèrent le foot habitent dans le nord et 37, 5 % habitent dans le sud.
- 40 % des personnes qui préfèrent le rugby habitent dans le nord et 60 % habitent dans le sud.
- 50 % des individus habitent dans le nord indépendamment de la variable Y (sport préféré) et 50 % habitent dans le sud, (dans ce cas on parle des fréquences marginales de la variable X).

La figure 2 montre le pourcentage en colonne.

Figure 7.2 : Pourcentage en colonne

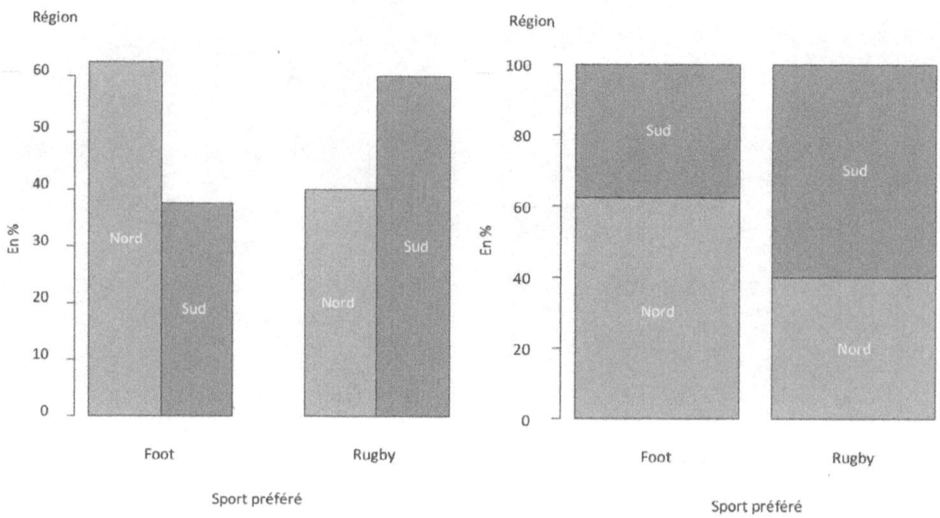

Source : Tableau 7.4

II. Méthodes numériques

La méthode numérique consiste à tester l'indépendance entre les deux variables présentées dans un tableau de contingence. Pour mesurer la nature de l'association entre deux variables qualitatives (non numériques) nous utilisons le test de Khi-deux d'indépendance noté (χ^2). La valeur de la statistique de χ^2 est nulle lorsque les effectifs observés sont égaux aux effectifs attendus (calculés sous l'hypothèse d'indépendance). La statistique de test se calcule de la façon suivante :

$$\hat{\chi}^2 = \sum_{i}^{k}\sum_{j}^{m} \frac{\left(n_{ij} - \frac{n_{i.} \times n_{.j}}{n_{..}}\right)^2}{\frac{n_{i.} \times n_{.j}}{n_{..}}}$$

Où :

n_{ij} : effectifs observés.

$n_{i.}$: le total de la ligne correspond à la modalité i.

$n_{.j}$: le total de la colonne correspond à la modalité j.

$n_{..}$: le total des observations.

Prenons l'échantillon de l'exemple 7.1 qui met en évidence la relation entre le sport préféré (foot ou rugby) de chaque individu interrogé et sa région de résidence (nord ou sud). Le test de Khi-deux est adapté pour mesurer la nature de l'association entre deux variables qualitatives. L'idée revient à tester l'hypothèse d'indépendance entre deux variables. À l'aide de la valeur de test l'hypothèse d'indépendance sera rejetée ou non. Les hypothèses à tester sont :

H_0 : *X et Y sont indépendantes*

H_a : *X et Y ne sont pas indépendantes*

Procédure d'utilisation :

1. Calcul les effectifs attendus sous l'hypothèse d'indépendance ;
2. Calcul la valeur du test ;
3. Fixation des règles de décision ;
4. Prise de décision.

1. Calcul des effectifs attendus

Sous l'hypothèse d'indépendance les observations attendues. Elles sont calculées en multipliant le total de la colonne par le total de la ligne, et en divisant par le total général comme le montre le tableau ci-dessous :

Tableau 7.5 : Effectifs attendus

		Sport préféré (Y)		
		Foot	Rugby	Total
Région (X)	Nord	$\frac{(n.1 \times n1.)}{n..}$	$\frac{(n.2 \times n1.)}{n..}$	$n1.$
	Sud	$\frac{n.1 \times n2.}{n..}$	$\frac{n.2 \times n2.}{n..}$	$n2.$
	Total	$n.1$	$n.2$	$n..$

En utilisant la technique présentée dans le tableau 7.5, les observations attendues et réelles sont données dans le tableau 7.6.

Tableau 3.6 : Effectifs observés et attendus

		Sport préféré (Y)		
		Foot	Rugby	Total
Région (X)	Nord	100	80	180
	Sud	60	120	180
	Total	160	200	360

Observations réelles

		Sport préféré (Y)		
		Foot	Rugby	Total
Région (X)	Nord	160x180/360 = 80	200x180/360 = 100	180
	Sud	160x180/360 = 80	200x180/360 = 100	180
	Total	160	200	360

Observations attendues

2. La valeur empirique de test

$$\hat{\chi}^2 = \sum\sum\left[\frac{\left(n_{ij} - \dfrac{n_{i.} \times n_{.j}}{n_{..}}\right)^2}{\dfrac{n_{i.} \times n_{.j}}{n_{..}}}\right] = \sum\left[\frac{(\text{effectifs obervés} - \text{effectifs attendus})^2}{\text{observations attendues}}\right]$$

$$\hat{\chi}^2 = \frac{(100-80)^2}{80} + \frac{(80-100)^2}{100} + \frac{(60-80)^2}{80} + \frac{(120-100)^2}{100} = 18$$

La valeur de test de Khi-deux estimé est égale à 18.

3. Règle de décision

Le seuil critique (α) peut être fixé à 10 % ou 5 % ou 1 % ou toute autre valeur. Si la valeur de test calculée est supérieure à la valeur tabulée (théorique), alors pour :

- $\alpha = 1\%$: on peut conclure qu'il y a des preuves convaincantes et solides pour rejeter l'indépendance entre les deux variables ;
- $\alpha = 5\%$: on peut conclure qu'il y a des preuves fortes pour rejeter l'indépendance entre les deux variables ;
- $\alpha = 10\%$: on peut conclure qu'il a des preuves relativement faibles pour rejeter l'indépendance entre les deux variables ;
- $\alpha > 10\%$: on peut conclure qu'il n'y a pas des preuves suffisantes pour rejeter l'indépendance entre les deux variables.

Pour l'exemple 7.1 on se propose de tester l'indépendance avec un seuil de 1 %.

LA VALEUR THÉORIQUE DU TEST

Le degré de liberté (ddl) est égal au nombre de colonnes moins 1 multiplié par le nombre de lignes moins 1. Dans notre cas :
$ddl = (2-1) \times (2-1) = 1$. Pour $\alpha = 1\%$ la valeur théorique du Khi-deux égal à 6,6348.

Tableau 4.6 : Table de loi de Khi-deux inverse

Probabilité / ddl	10%	5%	1%	0,10%
1	2,70554345	3,84145882	6,6348966	10,8275662
2	4,60517019	5,99146455	9,21034037	13,8155106
3	6,25138863	7,8147279	11,3448667	16,2662362
4	7,77944034	9,48772904	13,2767041	18,466827
5	9,2363569	11,0704977	15,0862725	20,5150057
6	10,6446407	12,5915872	16,8118938	22,4577445
7	12,0170366	14,0671404	18,4753069	24,3218863
8	13,3615661	15,5073131	20,090235	26,1244816
9	14,6836566	16,9189776	21,6659943	27,8771649
10	15,9871792	18,3070381	23,2092512	29,5882984
...	...	...	...	....

Source : Valeurs calculées sur Excel à partir de la fonction : « LOI.KHIDEUX. INVERSE. DROITE(Probabilité ; ddl) » (le tableau donne la valeur de $x0 \setminus p(x > x0) = p$).

DÉCISION

Si la valeur du Khi-deux estimé est supérieure à la valeur du Khi-deux théorique on rejette l'hypothèse nulle (indépendance) ;
Si la valeur du Khi-deux estimé est inférieure à la valeur du Khi-deux théorique on ne rejette pas l'hypothèse nulle (indépendance).
Dans notre cas, la valeur de test estimé ($\hat{\chi}^2 = 18 > \chi^2_{ddl=1} = 6{,}634$) pour $\alpha = 1\%$, donc on rejette l'hypothèse d'indépendance. On peut dire dans ce cas qu'il y a un lien entre la région d'habitation et le sport préféré.

À RETENIR

Le tableau de contingence est un outil pertinent pour étudier la relation entre deux variables qualitatives. La covariance ou le coefficient de corrélation ne peuvent pas être utilisés pour estimer la nature de la relation entre deux variables qualitatives. Pour construire le test de Khi-deux d'indépendance il est nécessaire de calculer les valeurs attendues et enfin d'estimer sa valeur empirique pour la comparer en suite avec la valeur théorique.
Le degré de liberté (ddl) pour une tabulation croisée se calcule en multipliant le nombre de colonne moins 1 par le nombre de lignes moins 1.
La valeur théorique de test se trouve le la table de Khi-deux au croisement la ligne de ddl et alpha ou en utilisant Excel avec la fonction « LOI.KHIDEUX. INVERSE.DROITE ».

POUR EN SAVOIR PLUS

- Daniel Caumont et Silvester Ivanaj (2017), « Analyse des données », Dunod, ISBN : 978-2-10-076819-6.
- Farid Makhlouf (2018), « Chapitre 6. Les approches quantitatives », *dans* : Frédéric Dosquet éd., *Études de marché.* Paris, Dunod, « Management Sup », 2018, p. 201-235. DOI : 10.3917/dunod.dosqu.2018.01.0201. URL :
- Hassène Siby (2017), « Introduction à la statistique et aux probabilités », Loze-Dion éditeur, ISBN : 978-2-924601-06-8.

Le tableau ci-dessous donne les mentions du diplôme des élèves selon leurs sexes pour un échantillon de 210 élèves.

	Mention				
	Passable	**Bien**	**Assez-bien**	**Très-bien**	**Total**
Fille	10	42	45	13	110
Garçon	12	30	40	18	100
Total	22	72	85	31	210

a. Parmi les garçons, combien ont obtenu une mention bien ?
b. Calculer les pourcentages en lignes.
c. Calculer les pourcentages en colonne.
d. Combien d'étudiants sont de sexe féminin ?
e. Calculer le pourcentage des étudiants qui ont une mention passable.
f. Calculer le degré de liberté.
g. Calculer les valeurs attendues.

CORRIGÉ

a. 30 %.

b.

	Mention				
	Passable	**Bien**	**Assez-bien**	**Très-bien**	**Total**
Fille	9,09 %	38,18 %	40,91 %	11,82 %	100 %
Garçon	12 %	30 %	40 %	18 %	100 %
Total	10,48 %	34,29 %	40,48 %	14,76 %	100 %

c.

	Mention				
	Passable	**Bien**	**Assez-bien**	**Très-bien**	**Total**
Fille	45,45 %	58,33 %	52,94 %	41,94 %	52,38 %
Garçon	54,55 %	41,67 %	47,06 %	58,06 %	47,62 %
Total	100 %	100 %	100 %	100 %	100 %

d. 52,38 %.
e. 10,48 %.
f. $(4 - 1) \times (2 - 1) = 3$.
g. Valeurs attendues.

	Mention				
	Passable	**Bien**	**Assez-bien**	**Très-bien**	**Total**
Fille	11,52	37,71	44,52	16,24	110
Garçon	10,48	34,29	40,48	14,76	100
Total	22	72	85	31	210

Fiche 8

Relation entre une variable quantitative et une variable qualitative

DÉFINITIONS

- Les **données appariées** sont des données issues du même échantillon. Les données appariées sont issues des individus qui ont des caractéristiques identiques. Dans ce cas les données sont classées par paires où chaque individu est associé à deux variables (mesures).
- Le **test de Student** (ou t-test de comparaison de moyennes) est un test se basant sur les échantillons pour déterminer si les moyennes de population sont égales ou non.

I. Méthodes graphiques

Graphiquement pour étudier la relation entre une variable quantitative et une variable qualitative, le diagramme en boîte «*Box plot*» peut être utilisé. L'idée est de comparer la distribution de la variable quantitative avec les modalités de la variable qualitative.

Exemple 8.1 : Moyenne et spécialité

Le tableau 8.1 montre le choix de la spécialisation ainsi que la moyenne obtenue en première année à l'université. Ceci pour un échantillon de 20 étudiants.

Tableau 5.1 : Spécialité et moyenne

Identifiant Étudiant	Moyenne	Spécialité	Identifiant Étudiant	Moyenne	Spécialité
1	14,88	Marketing	11	13,05	Finance
2	12,80	Finance	12	12,55	Marketing
3	11,94	Finance	13	11,78	Marketing
4	14,50	Marketing	14	14,95	Finance
5	13,28	Finance	15	13,52	Marketing
6	12,12	Marketing	16	11,22	Marketing
7	14,34	Marketing	17	12,50	Marketing
8	10,44	Finance	18	10,33	Finance
9	13,19	Finance	19	15,20	Finance
10	14,27	Finance	20	11,78	Marketing

Dans le tableau 8.1 on distingue deux types de variables :

- Une variable quantitative continue (Moyenne) ;
- Une variable qualitative discrète (Spécialité) avec deux modalités Finance et Marketing.

Les données présentées dans le tableau 2 sont des données appariées car chaque étudiant (individu) est associé à deux variables. Pour illustrer graphiquement la relation entre les deux variables nous allons comparer la distribution des notes (variables quantitatives) entre les deux modalités de la variable spécialité (variable qualitative) à savoir finance et marketing. La figure 8.1 est un diagramme en boite montre que la dispersion est relativement grande au sein des étudiants qui choisissent la spécialité Finance. Elle nous donne également des informations sur les points suivants : minium, maximum, médiane, moyenne, le premier quartile, le troisième quartile, l'étendue, l'écart interquartile et éventuellement dans certains cas des valeurs aberrantes.

Figure 8.1 : Moyenne ~ Spécialité

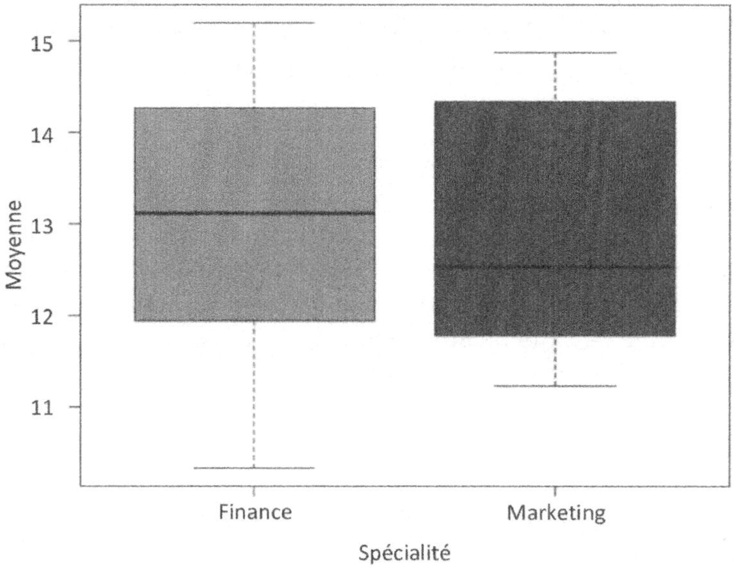

Source : Tableau 8.1

II. Méthodes numériques

Dans cette section nous allons élaborer un test statistique (t-test) qui permet de vérifier avec précision l'égalité entre les deux moyennes (moyenne en finance vs moyenne en marketing). Nous allons utiliser l'exemple 8.1 concernant moyenne et spécialités. D'une manière générale, en statistique, le test d'hypothèse peut être utilisé pour vérifier si la valeur d'un paramètre de la population doit être rejetée ou validée.

- **Test de Student (t-test) de comparaison de deux moyennes pour des données appariées**

Dans ce cas les deux échantillons (notes en marketing et notes en finance) appartiennent à la même population.

À l'instar du test du khi-deux d'indépendance (fiche7), le T-test nécessite de suivre étapes suivantes :

1. Test d'hypothèse

La première étape est de spécifier le test d'hypothèse. Dans notre cas nous souhaitons tester l'égalité des moyennes entre les deux spécialités (marketing et finance). Dans ce cas le test d'hypothèse peut se formuler comme suit :

$$\begin{cases} H_0 : m_{marketing} = m_{finance} \\ H_a : m_{marketing} \neq m_{finance} \end{cases}$$

2. Calculer la valeur de test

Calculer la valeur du test empirique $\hat{t}$ (T-test empirique), puis fixer le seuil critique pour comparer la valeur empirique avec la valeur de la distribution de Student (la table de la loi de Student).

La valeur de test est calculée comme suit :

$$\hat{t} = \frac{m_{marketing} - m_{finance}}{S_{(m_{marketing} - m_{finance})}}$$

Où : $m_{marketing}$ la moyenne des notes en marketing et $m_{finance}$ la moyenne des notes en finance.

$S_{(m_{marketing} - m_{finance})}$: c'est l'écart type de la différence des moyennes.

$$S_{(m_{marketing} - m_{finance})} = \sqrt{\frac{S^2_{m_{marketing}} + S^2_{m_{finance}} - 2 \times Cov(Finance, Marketing)}{n}}$$

Le tableau 8.2 donne les deux moyennes et les variances :

Tableau 8.2 : Moyenne et variance

Étudiants	Marketing ($X1$)	Finance ($X2$)
1	14,88	12,8
2	14,5	11,94
3	12,12	13,28
4	14,34	10,44
5	12,55	13,19
6	11,78	14,27
7	13,52	13,05
8	11,22	14,95
9	12,5	10,33
10	11,78	15,2
Moyenne	**12,919**	**12,945**
Variance	1,684	2,799
Covariance ($X1$, $X2$)	**–1,346**	

$$S_{(m_{marketing} - m_{finance})} = \sqrt{\frac{1,684 + 2,799 + 2 \times 1.346}{10}} = 0,847$$

$$\hat{t} = \frac{12,919 - 12,945}{0,847} = -0,037$$

RÈGLE DE DÉCISION

Le seuil de signification du test (α) correspond à la probabilité de rejeter l'hypothèse nulle alors qu'elle est vraie. On se propose de fixer α à 5%.

Le tableau 3 indique pour $\alpha = 5\%$ une valeur du test égale à 2,262. Le degré de liberté est égal au nombre d'observations moins un. Dans ce cas le nombre d'observations est égale à 10 ce qui donne un ddl de 9.

Nous avons

$|\hat{t}| = 0,037 < t = 2,262 \Rightarrow$ on ne rejette pas l'hypothèse nulle. Il n'y a pas de différence de moyenne entre les deux spécialités dans la population.

Tableau 3 : Loi Student bilatérale

ddl	α			
	0,10%	1%	5%	10%
1	636,619249	63,6567412	12,7062047	6,31375151
2	31,5990546	9,9248432	4,30265273	2,91998558
3	12,9239786	5,84090931	3,18244631	2,35336343
4	8,61030158	4,60409487	2,77644511	2,13184679
5	6,86882663	4,03214298	2,57058184	2,01504837
6	5,95881618	3,70742802	2,44691185	1,94318028
7	5,40788252	3,4994833	2,36462425	1,89457861
8	5,04130543	3,35538733	2,30600414	1,85954804
9	4,78091259	3,24983554	2,26215716	1,83311293
10	4,58689386	3,16927267	2,22813885	1,81246112
11	4,43697934	3,10580652	2,20098516	1,79588482
12	4,31779128	3,05453959	2,17881283	1,78228756
13	4,22083173	3,01227584	2,16036866	1,7709334
14	4,14045411	2,97684273	2,14478669	1,76131014
15	4,0727652	2,94671288	2,13144955	1,75305036
16	4,01499633	2,92078162	2,1199053	1,74588368
17	3,96512627	2,89823052	2,10981558	1,73960673

Source : Valeurs calculées sur Excel à partir de la fonction :
« = LOI.STUDENT.INVERSE.BILATERALE(Probabilité ; ddl) »

À RETENIR

On parle des données appariées quand chaque individu donne lieu à deux mesures (variables). Un graphiquement à boîte (ou Box plot) permet d'illustrer la relation entre une variable quantitative et une variable qualitative.
Comparer l'égalité des moyennes entre deux échantillons issus de la même population revient à utiliser le test de Student (T-test) pour des données appariées. L'idée de test de Student est de comparer la valeur empirique du test à la valeur théorique avec un seuil critique fixé a priori.

POUR EN SAVOIR PLUS

- Bernard PY (1994), « Exercices corrigés de statistique descriptive », Economica, EAN / ISBN-13 : 978-2-717826-82-1.
- Hassène Siby (2017), « Introduction à la statistique et aux probabilités », Loze-Dion éditeur, ISBN : 978-2-924601-06-8.
- Maurice Lethielleux et Céline Chevalier (2017), « Exercices de statistique et probabilités : Avec rappels de cours », Éd. 3, Édition Dunod, ISBN : 978-2-10-076444-0.

Le tableau 8.2 ci-dessous donne le chiffre d'affaires pour 15 entreprises réalisé dans deux régions : nord et sud.

Tableau 8.2 : Chiffre d'affaires en fonction de région

Entreprise	Chiffre d'affaires région nord (*X*1)	Chiffre d'affaires région sud (*X*2)
1	20,48	19,36
2	19,00	20,46
3	20,13	18,00
4	19,19	20,45
5	22,00	18,50
6	21,03	20,82
7	20,89	19,00
8	19,87	19,56
9	21,00	16,00
10	20,32	20,83
11	17,72	17,13
12	22,00	21,95
13	20,89	20,00
14	19,86	18,12
15	20,16	19,22
Moyenne (m_1,m_2)	m_1 = 20,303	m_2 = 19,293
Variance (S_1^2,S_2^2)	S_1^2,= 1,253	S_2^2 = 2,451
Covariance	0,405	

a. Décrire les variables présentées dans le tableau 8.2.
b. Établir le test d'hypothèse d'égalité des moyennes entre les deux régions.
c. Calculer l'écart type de la différence des moyennes ($m_1 - m_2$).
d. Calculer la valeur du T-test.
e. Quel est le degré de liberté (ddl) du test ?
f. Quelle est la valeur théorique du test pour un seuil $\alpha = 5\,\%$.
g. Tester au seuil $\alpha = 5\,\%$ l'égalité des moyennes.

CORRIGÉ

a. Le tableau 8.2 met en exergue la relation entre deux variables :

1) Variable « Chiffre d'affaires » qui est une variable quantitative continue ;

2) Variable « Régions » qui est une variable qualitative binaire (deux modalités nord et sud).

b. $\begin{cases} H_0 : m_1 = m_2 \\ H_a : m_1 \neq m_2 \end{cases}$.

c. $S_{m1-m2} = \sqrt{\dfrac{S_1^2 + S_2^2 - 2 \times cov(X_1, X_{2)}}{15}} = \sqrt{\dfrac{1{,}253 + 2{,}451 - 2 \times 0{,}405}{15}} = 0{,}439.$

d. $\hat{t} = \dfrac{20{,}303 - 19{,}293}{0{,}439} = 2{,}298.$

e. $ddl = (n-1) = (15-1) = 14.$

f. Valeur critique ($t = 2{,}144$).

g. Rejeter H_0 car $\hat{t} > t$.

Fiche 9

Ajustement linéaire

DÉFINITIONS

- Une **variable dépendante**, généralement notée (y) est une variable qui évolue en fonction d'autres variables. La « variable dépendante » peut être également appelée une « variable à expliquer », une « variable de réponse », une « variable de sortie », une « variable endogène » ou enfin une « variable à prédire ».
- Une **variable indépendante**, notée souvent, (x) est une variable qui est utilisée pour prédire ou expliquer la variable dépendante. Elle est appelée également une « variable explicative » et une « variable exogène ».
- La **régression linéaire** étudie la relation entre une variable dépendante et des variables indépendantes. L'analyse de régression peut nous aider à comprendre la variation et l'évolution de la variable dépendante.
- La **régression linéaire simple** met en exergue la relation entre une variable dépendante et une seule variable explicative. Elle estime les paramètres de l'équation qui lie entre deux variables (variable dépendante et variable indépendante) par la méthode des moindres carrés ordinaires.

I. Modèle et estimation

A. Modèle

Le modèle dans l'analyse de la régression décrit la relation entre x et y. L'équation 1 est appelée model de régression.

$$y = f(x) = \boldsymbol{a} + \boldsymbol{b}x + u \; (1)$$

y : variable dépendante.

x : variable indépendante (non stochastique).

u : le terme d'erreur et suit une loi normale de variance constante et de moyenne égale à 0.

$\boldsymbol{a}$ et sont des paramètres du modèle.

L'équation de régression simple estimée s'écrit :

$$\hat{y} = \hat{a} + \hat{b}x \quad (2)$$

Où :

$\hat{y}$: la variable dépendante estimée y.

$\hat{a}$: la constante.

$\hat{b}$: la pente ou le coefficient directeur.

Graphiquement l'équation (2) représente une ligne droite.

B. Hypothèses

Le modèle utilisé dans l'ajustement linéaire est un modèle de régression linéaire simple. La variable dépendante dépend de la variable explicative observable et également d'un terme d'erreur inobservable. De ce fait, certaines hypothèses sont établies concernant le terme d'erreur. Les hypothèses sont :

- La moyenne des erreurs égale à zéro, $E(u) = 0$.
- La variance des erreurs est constante $var(u) = \sigma^2$.
- Les erreurs sont indépendantes entre elles $cov(u_i, u_j) = 0$ pour $i \neq j$.
- La distribution des erreurs suit une loi normale. $u \mapsto \mathcal{N}(0, \sigma^2)$.
- Il n'y a pas de relation entre les erreurs et la variable explicative $cov(u, X) = 0$.

On suppose également que la variable X est observée sans erreurs et qu'elle est non stochastique.

C. Estimation

La méthode utilisée pour estimer les paramètres a et b est appelée moindres carrés ordinaires (MCO) elle minimise les erreurs au carré comme le montre l'équation 3 :

$$min \sum (y - \hat{y})^2 = min \sum u^2 \quad 3$$

Les valeurs de $\hat{a}$ et $\hat{b}$ sont donnés par les formules ci-dessous.

$$\hat{b} = \frac{\sum (x - \bar{x})(y - \bar{y})}{\sum (x - \bar{x})^2}$$

$$\hat{a} = \bar{y} - \hat{b}\bar{x}$$

Où :

$\bar{y}$ et $\bar{x}$ la moyenne de y et de x respectivement.

Exemple 9.1: Révision et note d'examen.

Supposons qu'on souhaite expliquer les notes d'examen de statistique notées (y)[1] par le nombre d'heures de révisions avant l'examen noté (X).

Le tableau 9. 1 donne un échantillon de 5 étudiants.

Tableau 9. 1 : Note d'examen et révision

Étudiant	**1**	**2**	**3**	**4**	**5**	**Moyenne**
X	3 h	5 h	1 h	2 h	4 h	$\overline{x} = 3$
Note d'examen (y)	11	18	7	9	15	$\overline{y} = 12$

L'estimation des notes en fonction de révision est décrite ci-dessous :

$$\hat{y} = \hat{a} + \hat{b}X$$

$$\hat{b} = \frac{\sum(x-\overline{x})(y-\overline{y})}{\sum(x-\overline{x})^2} =$$

$$\frac{(3-3)(11-12)+(5-3)(18-12)+(1-3)(7-12)+(2-3)(9-12)+(4-3)(15-12)}{(3-3)^2+(5-3)^2+(1-3)^2+(2-3)^2+(4-3)^2}$$

$$= \frac{28}{10}$$

$\hat{b} = 2{,}8$

$\hat{a} = \overline{y} - \hat{b}\overline{x} = 12 - 2{,}8 \times 3 = 3{,}6$

L'équation de la droite de la régression peut s'écrire comme suit :

$\hat{y} = 3{,}6 + 2{,}8X.$

La figure 1 donne le nuage de points ainsi que la droite de la régression.

1. Les notes d'examen varient entre 0 et 20.

Figure 9.1 : Droite de régression

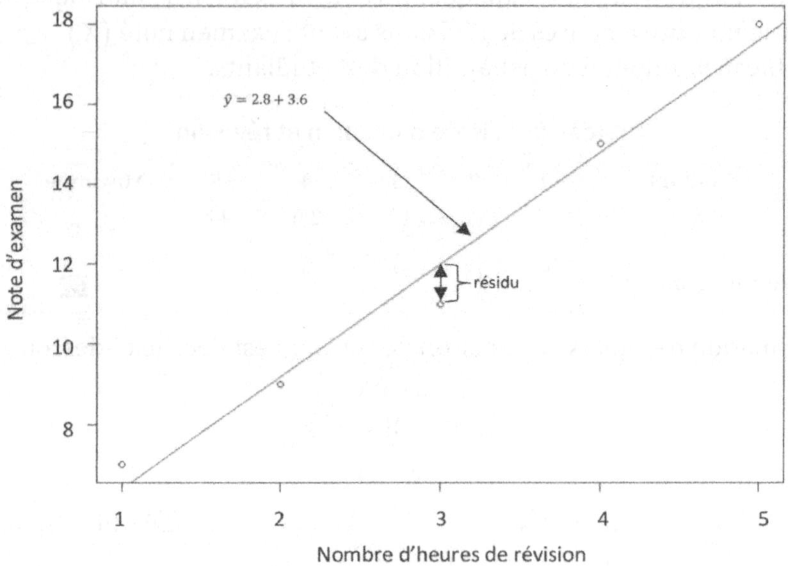

Source : tableau 9. 1

II. Qualité d'ajustement

A. Définitions et interprétation

La qualité de l'ajustement nous donne une idée sur la manière dont le modèle explique la variance de la variable dépendante (y). Une bonne qualité d'ajustement indique qu'une grande proportion de la variance de la variable dépendante est expliquée par le modèle utilisé. Dans la régression simple, les résidus de la régression sont la différence entre les valeurs observées et les valeurs estimées ($y - \hat{y}$). Pour que la qualité de l'ajustement soit bonne, il faut que la variance des résidus soit proche de zéro. Dans la régression simple le coefficient de détermination $\left(R^2\right)$ peut nous donner une idée sur la qualité de l'ajustement. Le coefficient de détermination varie entre 0 et 1 ($0 < R^2 < 1$) une valeur proche de 0 signifie que le modèle ne reflète pas les valeurs de y, et un coefficient de détermination proche de 1 stipule que la variation de la variable dépendante est relativement bien expliquée. Dans notre exemple sur la relation entre le nombre d'heures de révision et la note obtenue dans l'examen, le coefficient de détermination affiche une valeur proche de 1 (0, 98) ce que veut dire que la durée des révisions explique une grande proportion de la variation des notes d'examen.

B. Évaluation de la qualité de l'ajustement

Le coefficient de détermination R^2 peut être utilisé comme un indicateur pour évaluer la qualité d'ajustement. Le coefficient de détermination R^2 peut se calculer comme suit :

$$R^2 = 1 - \frac{SCR}{SCT} = \frac{(y-\hat{y})^2}{(y-\overline{y})^2} = \frac{(\hat{u})^2}{(y-\overline{y})^2}$$

Où :
SCR : somme des carrés des résidus ;
SCT : somme des carrés totale.
Le tableau 9.2 donne les détails des calculs di coefficient de détermination

Tableau 9.2 : Note observée, estimée et résidus

X	y **Note d'examen observée**	$(\hat{y})$ **Note d'examen estimée**	SCR $(y-\hat{y})^2 = (\hat{u})^2$	SCT $(y-\overline{y})^2$
3	11	$3{,}6+3\times 2{,}8=12$	$(11-12)^2=1$	$(11-12)^2=1$
5	18	$3{,}6+5\times 2{,}8=17{,}6$	$(18-17{,}6)^2=0{,}16$	$(18-12)^2=36$
1	7	$3{,}6+1\times 2{,}8=6{,}4$	$(7-6{,}4)^2=0{,}36$	$(7-12)^2=25$
2	9	$3{,}6+2\times 2{,}8=9{,}2$	$(9-9{,}2)^2=0{,}04$	$(9-12)^2=9$
4	15	$3{,}6+4\times 2{,}8=14{,}8$	$(15-14{,}8)^2=0{,}04$	$(15-12)^2=9$
			$\Sigma(y-\hat{y})^2=1{,}6$	$\Sigma(y-\overline{y})^2=80$

$R^2 = 1 - \frac{1{,}6}{80} = 1 - 0{,}02 = 0{,}98$. Le R^2 est proche de 1 ce qui montre que l'ajustement est bon.

À RETENIR

La régression simple met en évidence la relation empirique entre deux variables (variable dépendante et variable explicative).
La variable dépendante est une variable dont l'évolution va dépendre d'une autre variable appelée variable explicative. La variable dépendante est également appelée variable endogène, variable à expliquer ou variable de réponse. La variable explicative est aussi appelée variable exogène et variable indépendante.
Le coefficient de détermination R^2 mesure la qualité de l'ajustement.
Le R^2 varie entre 0 et 1 une valeur proche de 0 implique une mauvaise qualité de l'ajustement. Dans ce cas, la variable X n'explique pas bien la variation de la variable dépendante y. Une valeur proche 1 indique une bonne qualité de l'ajustement.

POUR EN SAVOIR PLUS

- Anderson D. R.; Sweeney D. J.; Williams TA(2014), *Essentials of statistics for business and economics*, 6 ed., ISBN 13 : 978-0-538-75458-3 ; ISBN 10 : 0-538-75458-3.
- Greene W. (2000), *Econometric analysis*, 4th ed. Pearson Education. ISBN : 0-13-013297-7.
- Makhlouf Farid (2017), *Regression Analysis. In*: Farazmand A. (eds), Global Encyclopedia of Public Administration, Public Policy, and Governance. Springer, Cham. https://doi.org/10.1007/978-3-319-31816-5_476-1.
- Wooldridge J. M. (2009), *Introductory econometrics. A modern approach, International student edition*, 4th ed. ISBN-10 : 0-324-78890-8 ; ISBN-13 : 978-0-324-78890-7.

1. Dans l'équation $\hat{y} = \hat{a} + \hat{b}x$, $\hat{a}$ est appelé:
- **a.** la pente de l'équation
- **b.** la constante
- **c.** le coefficient directeur
- **d.** aucune réponse ne convient

2. Si le coefficient de détermination est proche de 0, cela signifie que:
- **a.** les valeurs estimées de y sont très proches des valeurs observées de y
- **b.** la constante a une valeur proche de 0
- **c.** la valeur de la constante doit être négative
- **d.** aucune réponse ne convient

3. Le coefficient de détermination peut être:
- **a.** négatif
- **b.** une valeur comprise entre -1 et 1
- **c.** une valeur comprise entre 0 et 1
- **d.** aucune réponse ne convient

4. L'équation $y = a + bx + u$ est appelée:
- **a.** l'équation de coefficient de détermination
- **b.** le modèle de régression
- **c.** l'équation de corrélation
- **d.** aucune réponse ne convient

5. Dans une régression simple la moyenne de terme de l'erreur est:
- **a.** nulle
- **b.** toujours positive
- **c.** égale à la variance
- **d.** aucune réponse ne convient

CORRIGÉ

1. b

2. d

3. c

4. b

5. a

Fiche 10

Indices et concentration

DÉFINITIONS

- Le **pourcentage de l'évolution** exprime la variation relative d'une variable entre deux périodes. Le pourcentage de l'évolution entre deux périodes 1 et 2 est égal à la valeur de la deuxième période moins la valeur de la première période rapportée à la première période : $\frac{valeur_2 - valeur_1}{valeur_1}$.
- Les **indices** mesurent l'évolution des phénomènes dans le temps. Ils nous donnent des informations synthétiques sur la variation d'une variable entre deux périodes.

I. Indices élémentaires

L'indice élémentaire d'une variable (X) par rapport à la période de référence (1) est donné par les formules suivantes :

$$I_1 = \frac{x_1}{x_1} \times 100 = 100 \text{ (l'indice est en base 100 pour la première période)}$$

$$I_2 = \frac{x_2}{x_1} \times 100$$

$$I_3 = \frac{x_3}{x_1} \times 100$$

$$I_4 = \frac{x_4}{x_1} \times 100$$

Une valeur supérieure à 100 indique une augmentation par rapport à la période de référence et une valeur inférieure à 100 désigne une baisse par rapport à la valeur de référence.

Exemple 10. 1 : Évolution du chiffre d'affaires

On considère l'évolution du chiffre d'affaires d'une entreprise sur 5 périodes. Le tableau 10.1 donne le pourcentage de l'évolution et l'indice en base 100. La période 1 est la période de référence.

Tableau 10.1 : indice élémentaire et pourcentage de l'évolution

Période	Chiffre d'affaires	Pourcentage de l'évolution	Indice base 100 période référence (1)
1	26000	—	100
2	23560	$\frac{23560-26000}{2600}\times 100=-9{,}38\%$	$\frac{23560}{26000}\times 100=90{,}61$
3	25631	$\frac{25631-23560}{23560}\times 100=8{,}79\%$	$\frac{25631}{26000}\times 100=98{,}58$
5	26430	$\frac{26430-25631}{25631}\times 100=3{,}12\%$	$\frac{26430}{26000}\times 100=101{,}65$

II. Indices synthétiques de Laspeyres, Paasche et Fisher

Les indices synthétiques mesurent la variation et l'évolution d'une variable, qui constitue d'un ensemble d'éléments, entre deux dates. Par exemple L'indice de la production industrielle (IPI) mesure la variation des quantités produites dans le secteur de l'industrie. L'indice des prix à la consommation (IPC) mesure l'évolution des prix. La figure 10.1 montre l'évolution mensuelle, de janvier 2000 à juin 202, de l'IPC - Base 2015 - ensemble des ménages en France.

Figure 10.1 : Évolution de l'IPC (2000-2021)

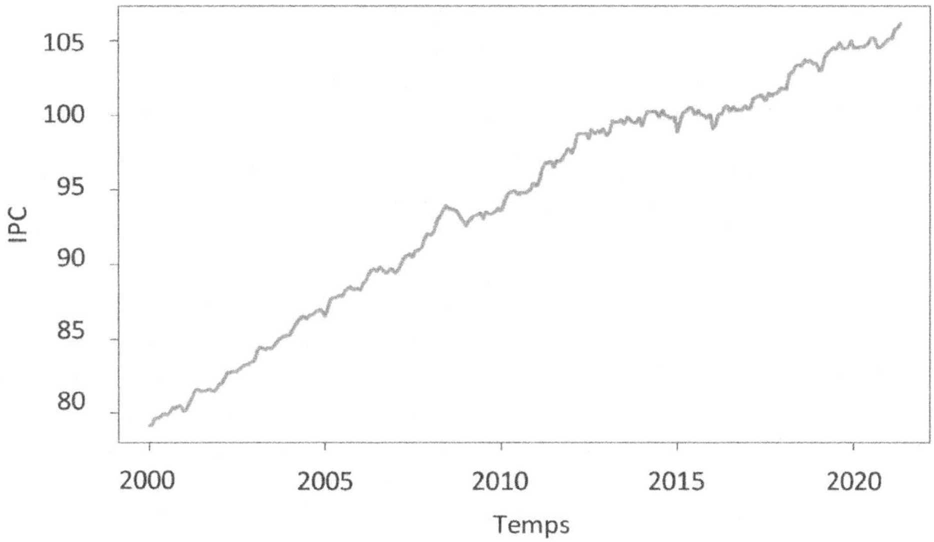

Source : INSEE, 2021

A. Indice de Laspeyres (I_L)

On considère que P_{it} le prix du produit i à la date t et Q_{it} la quantité du produit i à la date t. On suppose qu'il y a m produits $i = \{1,2,\ldots,m\}$ et $t = \{0,1\}$.

La formule de l'indice de Laspeyres pour les quantités s'écrit :

$$I_{Lq} = \frac{\sum_i^m Q_{i1} P_{i0}}{\sum_i^m Q_{i0} P_{i0}} \times 100$$

La formule pour les prix est donnée comme suit :

$$I_{Lp} = \frac{\sum_i^m Q_{i0} P_{i1}}{\sum_i^m Q_{i0} P_{i0}} \times 100$$

B. Indice de Paasche (I_P)

On considère que P_{it} le prix du produit i à la data t et Q_{it} la quantité du produit i à la date t. On suppose qu'il y a m produit

$i = \{1,2,\ldots,m\}$ et $t = \{0,1\}$

La formule de l'indice de Paasche pour les quantités est donnée comme suit :

$$I_{Pq} = \frac{\sum_i^m Q_{i1} P_{i1}}{\sum_i^m Q_{i0} P_{i1}} \times 100$$

La formule pour les prix est donnée comme suit :

$$I_{PP} = \frac{\sum_i^m Q_{i1} P_{i1}}{\sum_i^m Q_{i1} P_{i0}} \times 100$$

C. Indice de Fisher (I_F)

L'indice de Fisher combine les deux indices précédents. L'indice de Fisher est la moyenne géométrique de l'indice de Paasche et Laspeyres. La formule pour l'indice de Fisher comme suit :

$$I_F = (I_P \times I_L)^{\left(\frac{1}{2}\right)} = \sqrt{(I_P \times I_L)}$$

D. Indice en valeur (I_v)

On considère que P_{it} le prix du produit i à la data t et Q_{it} la quantité du produit i à la date t. On suppose qu'il y a m produit. $i = \{1,2,\ldots,m\}$ et $t = \{0,1\}$. La formule de l'indice en valeur entre deux périodes (0, 1) est donnée comme suit :

$$I_v = \frac{\sum_i^m Q_{i1} P_{i1}}{\sum_i^m Q_{i0} P_{i0}} = I_{Pq} \times I_{Lp} = I_{Pp} \times I_{Lq}$$

II. Courbe de Lorentz et l'indice de Gini (I_G)

A. Courbe de Lorentz

La courbe de Lorentz reflète la concentration dans une distribution. Généralement elle est utilisée pour des variables réelles et positives telles que le revenu, le salaire et la consommation, etc. Elle met en relation les fréquences relatives cumulées des individus notées P_i en abscisse et les fréquences relatives cumulées de produit $(n_i \times c_i)$ notées Q_i en ordonnée avec c_i et n_i représentent les centres des classes et les effectifs respectivement.

Exemple 10.2 : Distribution de revenu

On considère la distribution des revenus annuels en milliers d'euros de 180 individus dans le tableau 10.2 :

Tableau 10.2 : Distribution de revenu

Revenu annuelle (X)	Individus (n_i)
[5 ; 15[	10
[15 ; 25[	14
[25 ; 35[	9
[35 ; 45[	82

Revenu annuelle (X)	Individus (n_i)
[45; 55[	45
[55; 65[	20
Total	180

Pour élaborer la courbe de Lorentz, il faut calculer les effectifs relatifs cumulés ainsi que les parts de revenus cumulées. Les calculs sont donnés dans le tableau 10.3.

Tableau 10.3 : Construction de la courbe de Lorentz

Revenu annuelle xi	n_i	(fi)	Abscisse (P_i)	$\left(x_i'\right)$	$n_i \times x_i'$	$\frac{n_i \times x_i'}{\sum n_i \times x_i'}$	Ordonnée (Q_i)
[5; 15[	10	5,56 %	5,56 %	10	100	1,36 %	1,36 %
[15; 25[	14	7,78 %	13,33 %	20	280	3,79 %	5,15 %
[25; 35[	9	5,00 %	18,33 %	30	270	3,66 %	8,81 %
[35; 45[	82	45,56 %	63,89 %	40	3280	44,44 %	53,25 %
[45; 55[	45	25,00 %	88,89 %	50	2250	30,49 %	83,74 %
[55; 65[	20	11,11 %	100 %	60	1200	16,26 %	100 %
Total	180	100 %			7380	100 %	

(Q_i) : Part cumulée du revenu détenue (proportion du revenu possédée)

(P_i) : Effectif relatif cumulé (proportion des individus)

$\left(x_i'\right)$: Centre des classes

$n_i \times x_i'$: Masse

$\sum n_i \times x_i'$: Masse totale

D'après le tableau 10.3 les points de la courbe de la Lorentz sont :

{(0 % ; 0 %) ; (5,56 % ; 1,36 %) ; (13,33 % ; 5,15 %) ; (18,33 % ; 8,81 %) ; (63,89 % ; 53,25 %) ; (88,89 % ; 83,74 %) ; (100 %, 100 %)}. La figure 10.1 montre la courbe de Lorentz.

Figure 10.1 : La courbe de Lorentz

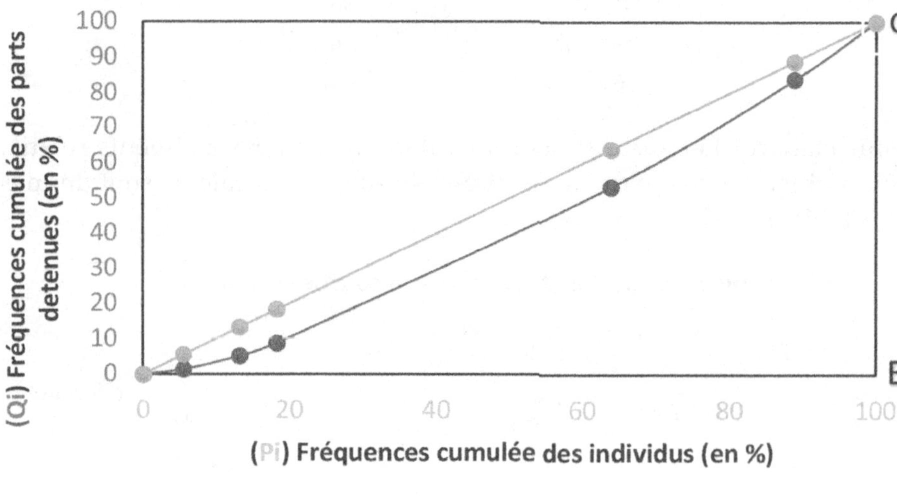

Source : Tableau 10.3

La bissectrice (ligne orange) représente le cas où l'égalité est parfaite. Le revenu est partagé de manière égalitaire entre les individus. La courbe bleue représente le partage du revenu selon les données observées dans le tableau 10.2. Plus l'écart entre la bissectrice (ligne orange) et la courbe bleue est élevé plus l'inégalité est importante.

B. Indice de Gini

L'indice de Gini mesure la concentration. Il permet de mesurer les inégalités entre les individus dans une distribution. L'indice de Gini est une mesure de la surface entre la bissectrice et la courbe de Lorentz rapporté à la surface du triangle ABC (figure 10.1). L'indice de Gini varie entre 0 et 1 ($0 \leq I_G \leq 1$).

- Pour **IGproche 0** => la concentration est faible ;
- Pour **IGproche 1** => la concentration est forte ;
- Pour le cas discret la formule de l'indice de Gini est définie comme suit :

$$I_G = 1 - \sum (Q_i + Q_{i-1})(P_i - P_{i-1})$$

Reprenons l'exemple 10.2 concernant la distribution de revenu de 180 individus. Le tableau 8.4 donne les détails de calcul de l'indice de Gini.

Tableau 10.3 : Indice de Gini

(Abscisse) P_i	Ordonnée Q_i	$P_i - P_{i-1}$	$Q_i + Q_{i-1}$	$(Q_i + Q_{i-1}) \times (P_i - P_{i-1})$
5,56 %	1,36 %	5,56 %	1,36 %	0,0753 %
13,33 %	5,15 %	7,778 %	6,504 %	0,5059 %
18,33 %	8,81 %	5,000 %	13,957 %	0,6978 %
63,89 %	53,25 %	45,556 %	62,060 %	28,2716 %
88,89 %	83,74 %	25,000 %	136,992 %	34,2480 %
100 %	100,00 %	11,111 %	183,740 %	20,42 %
				$\sum = 0,84214$

$$I_G = 1 - \sum_{i=1}^{i=6} (Q_i + Q_{i-1})(P_i - P_{i-1}) = 1 - 0,842141 = 0,157859$$

I_G proche de 0 ce qui implique une faible concentration.

À RETENIR

Les indices mesurent l'évolution des phénomènes entre des périodes ou dans des espaces.

Une concentration forte implique que très peu d'individus se partagent une grande part de la masse de la variable étudiée et vice versa. La concentration est utilisée pour des variables positives et cumulées comme le revenu, le salaire, la consommation, etc.

La Courbe de Lorentz met en relation les fréquences cumulées croissantes des individus et les fréquences cumulées des revenus. L'indice de Gini varie entre 0 et 1. Une valeur proche de 1 indique une grande concentration (une grande inégalité) et une valeur de 0 indique une faible concentration (une faible inégalité).

POUR EN SAVOIR PLUS

- Lethielleux Maurice et Chevalier Céline (2017), *Exercice de statistique et probablité*, Dunod, ISBN : 978-2-10-076444-0.
- Renée Veysseyre (2001), *Aide-memoire Statistique et probabilités pour l'ingénieur*, Dunod, ISBN : 978-2-10-071449-0.

1. Considérez le tableau 10.4 avec un panier des 3 produits notés 1, 2 et 3 :

Tableau 10.4 : Évolution des prix et des quantités

		Période (0)		Période (1)	
		Prix unitaire	Quantité	Prix unitaire	Quantité
Produits (i)	1	10 €	3	12 €	3,5
	2	2 €	1	2,80 €	2
	3	1 €	5	1,50 €	6

a. Calculer l'indice de Laspeyres des prix.
b. Calculer l'indice de Paasche des prix.
c. Calculer l'indice de Fisher.

2. Le tableau 10.5 donne la répartition des salaires de 60 employés.

Tableau 10.5 : Salaire net mensuel de 100 salariés

Classes des salaires en €	Effectifs (n_i)
[1000 ; 1500[	10
[1500 ; 2000[	20
[2000 ; 2500[	15
[2500 ; 3000[	10
[3000 ; 3500[	5
Total	60

a. Calculer les fréquences cumulées relatives (P_i).
b. Calculer les fréquence $(n_i * x_i)$ relatives cumulées (Q_i).
c. Calculer l'indice de Gini.

CORRIGÉ

1. a. L'indice de Laspeyres des prix

$$I_{LP} = \frac{\sum_{i=1}^{i=3} Q_{i0} P_{i1}}{\sum_{i=1}^{3} Q_{i0} P_{i0}} \times 100 = \frac{3 \times 12 + 1 \times 2,8 + 5 \times 1,5}{3 \times 10 + 1 \times 2 + 5 \times 1} \times 100 = 125,13$$

L'indice de Laspeyres des prix = 125,13 base 100 en période (0).

b. L'indice de Paasche des prix :

$$I_{PP} = \frac{\sum_{i=1}^{i=3} Q_{i1} P_{i1}}{\sum_{i=1}^{i=3} Q_{i1} P_{i0}} \times 100 = \frac{3,5 \times 12 + 2 \times 2,80 + 6 \times 1,5}{3,5 \times 10 + 2 \times 2 + 6 \times 1} \times 100 = 125,77$$

L'indice de Paasche des prix = 127,77 base 100 en période (0).

c. Indice de Fisher des prix :

$$I_F = (I_P \times I_L)^{\left(\frac{1}{2}\right)} = \sqrt{125{,}13 \times 125{,}77} = 125{,}44$$

Indice de Fisher des prix =125,44 base 100 en période (0).

2. a.

Classes des salaires en €	Effectifs (n_i)	Effectifs cumulés (N_i)	P_i
[1000; 1500[	10	10	0,1667
[1500; 2000[	20	30	0,5
[2000; 2500[	15	45	0,75
[2500; 3000[	10	55	0,9167
[3000; 3500[	5	60	1
Total	60		

b.

Classes des salaires en €	(n_i)	Centre de classe c_i	$n_i * c_i$	Fréquences (cumulées) $n_i * c_i$	Qi
[1000; 1500[	10	1250	12500	12500	0,1
[1500; 2000[	20	1750	35000	47500	0,38
[2000; 2500[	15	2250	33750	81250	0,65
[2500; 3000[	10	2750	27500	108750	0,87
[3000; 3500[	5	3250	16250	125000	1
Total	60				

c.

Q_i	P_i	$(Q_i + Q_{i-1}) \times (P_i - P_{i-1})$
0,1	0,167	(0,1 + 0) × (0,167 – 0) = 0,017
0,38	0,5	(0,38 + 0,1) × (0,5 – 0,167) = 0,16
0,65	0,75	(0,65 + 0,38) × (0,75 – 0,5) = 0,257
0,87	0,917	(0,87 + 0,65) × (0,917 – 0,75) =0,253
1	1	(1 + 0,87) × (1 – 0,917) = 0,155

$$IG = 1 - \sum_{i=1}^{i=5} (q_i + q_{i-1})(p_i + p_{i-1})$$

$$= 1 - (0{,}017 + 0{,}16 + 0{,}257 + 0{,}253 + 0{,}155) = 0.158$$

IG proche de zéro ce qui implique une faible concentration.

Remerciements

Je remercie mes collègues de l'ESC Pau Business School et de l'Université de Pau (Bertrand Augé, Charlottes Sers, Claude Emonnot, Kamal Kasmaoui, Laurence Porteu De La Morandière, Marc Jauffrit, Koussila Makhlouf, Mazhar Yasin Mughal et Refk Selmi) pour leurs commentaires et orientations.

Made in the USA
Monee, IL
18 October 2026

66039199R10063